Leonhard Euler, E. Hammer

Zwei Abhandlungen über sphärische Trigonometrie

Grundzüge der sphärischen Trigonometrie und allgemeine sphärische

Trigonometrie, 1753 und 1779

Leonhard Euler, E. Hammer

Zwei Abhandlungen über sphärische Trigonometrie
Grundzüge der sphärischen Trigonometrie und allgemeine sphärische
Trigonometrie, 1753 und 1779

ISBN/EAN: 9783743339439

Hergestellt in Europa, USA, Kanada, Australien, Japan

Cover: Foto ©berggeist007 / pixelio.de

Manufactured and distributed by brebook publishing software
(www.brebook.com)

Leonhard Euler, E. Hammer

Zwei Abhandlungen über sphärische Trigonometrie

Zwei Abhandlungen

über

SPHÄRISCHE TRIGONOMETRIE.

Grundzüge der sphärischen Trigonometrie

und

Allgemeine sphärische Trigonometrie

1753 und 1779.

Von

LEONHARD EULER.

Aus dem Französischen und Lateinischen übersetzt
und herausgegeben

von

E. Hammer.

Mit 6 Figuren im Text.

LEIPZIG

VERLAG VON WILHELM ENGELMANN

1896.

I.

Grundzüge der sphärischen Trigonometrie.

Abgeleitet nach der Methode der grössten
und kleinsten Werthe.

Von

L. Euler.

Bekanntlich stellt ein einer Kugeloberfläche angehörender
Grosskreisbogen den kürzesten Weg dar, der auf dieser Fläche
zwischen zwei beliebigen Punkten des Bogens vorhanden ist.
Ein sphärisches Dreieck kann also auf folgende Art definirt
werden: denkt man sich auf der Oberfläche einer Kugel drei
Punkte gegeben und zwischen je zweien die kürzeste der
Fläche angehörende Linie gezogen, so ist das durch diese drei
Linien begrenzte Stück der Kugeloberfläche ein sphärisches
Dreieck. Die Methode der grössten und kleinsten Werthe wird,
da die Seiten eines sphärischen Dreiecks kürzeste Linien sind,
zur Bestimmung dieser Seiten tauglich sein; sodann wird man
die Beziehungen zwischen Seiten und Winkeln aufstellen können
und gerade diese sind der Gegenstand der sphärischen Trigonometrie. Denn mit den drei Punkten, die als Ecken des Dreiecks gegeben sind, sind sowohl die drei Seiten als die drei
Winkel des Dreiecks bestimmt, und diese sechs Stücke stehen
derart in Beziehung zu einander, dass, wenn drei beliebige von
ihnen gegeben sind, die drei andern bestimmt werden können.
Diese Eigenschaft haben die sphärischen Dreiecke mit
den ebenen, die die elementare Trigonometrie auflösen lehrt,
gemeinsam. Ein ebenes Dreieck ist ein Stück einer Ebene,
das durch drei auf dieser Ebene bezeichnete Punkte dadurch
gegeben ist. dass man diese drei Punkte paarweise durch

1*

kürzeste Linien, d. h. in der Ebene gerade Linien, verbindet.
Ganz ebenso ist ein sphärisches Dreieck das Stück einer Kugeloberfläche, das durch drei auf dieser Fläche bezeichnete Punkte
dadurch gegeben wird, dass man diese drei Punkte paarweise
durch die kürzesten Linien verbindet, die auf der Kugeloberfläche gezogen werden können. Das sphärische Dreieck geht
in ein ebenes über, wenn der Halbmesser der Kugel unbegrenzt
wächst; eine Ebene kann als Kugelfläche von unendlich grossem
Halbmesser angesehen werden.

Ohne Zweifel wird man einwenden, dass es methodischen
Regeln zuwiderlaufe, wenn man die Infinitesimalrechnung zur
Herleitung der Grundformeln der sphärischen Trigonometrie
gebrauchen wolle; ganz abgesehen davon, dass es unnöthig
erscheine, diese Grundlagen noch auf neuen Wegen festzustellen,
da doch die, denen man seither gefolgt ist, sich auf die Ele-
mentargeometrie gründen und die Strenge dieses Zweiges der
Mathematik anderen Abschnitten als Muster diene. Allein dagegen habe ich erstens zu bemerken, dass die Methode der
grössten und kleinsten Werthe ein neues Interesse gewinnt,
wenn gezeigt wird, dass man mit ihrer Hilfe allein zur Auflösung der sphärischen Dreiecke gelangen kann; und sodann
ist es immer von Nutzen, auf verschiedenen Wegen dieselben
Wahrheiten zu erreichen, da aus diesem Verfahren sich stets
neue Gesichtspunkte ergeben.

Ausserdem ist aber daran zu erinnern, dass jene Methode
der grössten und kleinsten Werthe viel allgemeiner ist, als
das sonst übliche Verfahren. Denn dieses beschränkt sich auf
die Behandlung von Dreiecken, die einer Ebene oder einer
Kugelfläche angehören, während jene Methode ganz ebenso
auf beliebige Oberflächen angewandt werden kann; wenn man
die Dreiecke untersuchen will, die auf einer beliebigen sphäroidischen oder conoidischen Fläche dadurch gebildet werden,
dass man ihre drei Eckpunkte annimmt, während ihre Seiten
die drei kürzesten der Oberfläche angehörenden Linien zwischen
je zweien dieser drei Punkte bilden sollen, so versagt die ge-
wöhnliche Methode für diese Untersuchung, man muss vielmehr
hier dann unbedingt die Methode der grössten und kleinsten
Werthe benutzen, ohne die selbst die Natur der Dreiecksseiten
jener drei kürzesten Linien) nicht zu erkennen wäre. Die
Wichtigkeit dieser Art der Untersuchung leuchtet ein: die Oberfläche der Erde ist nicht sphärisch, sondern sphäroidisch, ein der
Erdoberfläche angehörendes Dreieck ist demnach von der eben

besprochenen Art. Man hat sich, um dies einzusehen, nur drei
Punkte auf der Erdoberfläche angenommen zu denken und sie
paarweise durch die kürzesten Linien zu verbinden, die zwischen
je zweien auf der sphäroidischen Fläche gezogen werden
können (diese Linien kann man sich durch Fäden, die von
einem zum andern Punkt gespannt werden, versinnlichen). In
dieser Art hat man sich die Dreiecke vorzustellen, die bei
den Triangulationen zu Erdmessungszwecken gebildet werden.
Freilich betrachtet man diese Dreiecke gewöhnlich als eben
und geradlinig, höchstens werden sie sphärisch berechnet;
wenn man sie aber sehr viel grösser machen könnte und ihre
Berechnung mit der äussersten möglichen Genauigkeit durch-
zuführen hätte, so müsste man ohne Zweifel die wirkliche
Natur dieser Dreiecke feststellen und könnte dies nur mit
Hülfe der mehrfach angedeuteten Methode.

Diesem Ausblick auf die geodätische Wichtigkeit der
Methode entsprechend wird es angezeigt sein, sie auch zur
Auflösung der sphärischen Dreiecke zu verwenden; denn
einmal wird die Untersuchung auch als Grundlage für die
Auflösung der einer beliebigen sphäroidischen Oberfläche angehörenden Dreiecke dienen können, und auf der andern Seite
wird sie bemerkenswerthe Ergebnisse liefern, sowohl für die
sphärische Trigonometrie selbst, als auch für die Methode der
grössten und kleinsten Werthe, deren Ausdehnung und Nutzen
mehr und mehr erkannt werden wird. Seitdem gezeigt worden
ist, dass die meisten mechanischen und physikalischen Probleme
bei Anwendung dieser Methode sich sehr einfach gestalten,
kann auch der Nachweis dafür, dass dieselbe Methode eine
so wesentliche Förderung der Auflösung der Aufgaben der
reinen Geometrie liefert, nur mit Freuden begrüsst werden.

Um die Untersuchung auf eine Art zu beginnen, die sie
sowohl für den Fall der Kugel als auch für ein beliebiges
Sphäroid anwendbar macht, mögen zunächst zwei, sich dia-
metral gegenüberliegende Punkte der Kugeloberfläche als Pole
und der von beiden gleich weit abstehende Grosskreis als
Aequator angesehen werden; die kürzesten Linien, die von
einem der Pole nach beliebigen Punkten des Aequators gezogen werden können, stellen Meridiane dar, die den Aequator
senkrecht schneiden. Wenn es sich um eine Kugeloberfläche
handelt, so kann man auf ihr ein aus kürzesten Linien ge-
bildetes Dreieck stets so legen, dass eine der Seiten als Theil
des Aequators erscheint; und wenn das Dreieck rechtwinklig

ist, so kann die eine der den rechten Winkel einschliessenden
Seiten als Stück des Aequators, die andere als Theil eines
Meridians angenommen werden. Denn die Wahl der zwei
Pole ist ja in diesem Falle der sphärischen Oberfläche voll-
ständig beliebig. Für eine sphäroidische Oberfläche gilt dies
natürlich nicht mehr, jedoch wird im Folgenden nur von der
Kugeloberfläche gesprochen, während ich mir die sphäroidischen
Flächen für eine andere Abhandlung vorbehalte.

Aufgabe I.

Fig. 1.   1. *Auf dem Aequator AB ist der Bogen AP gegeben
und auf dem Meridian OP der Punkt M; man soll die
kürzeste Linie AM finden, die auf der Kugeloberfläche
zwischen den Punkten A und M gezogen werden kann.*

Auflösung.

Der Kugelhalbmesser sei $= 1$, der Aequatorbogen $AP = x$
(Fig. 1), der Meridianbogen $PM = y$; der gesuchte Bogen AM

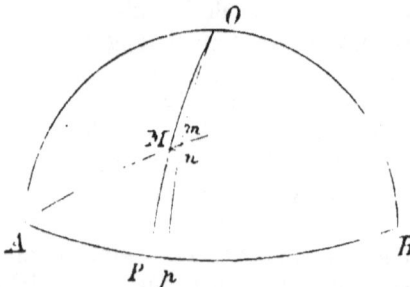

Fig. 1.

habe ferner die Länge s
und werde um die un-
endlich kleine Strecke
$Mm = ds$ verlängert,
ferner werde durch m
der Meridian Omp ge-
zogen und endlich der
auf diesem Meridian
senkrecht stehende un-
endlich kleine Bogen Mn.
Es ist damit also Pp
$= dx$, $mn = dy$; und
da sich Pp zu Mn verhält wie 1 zum Sin. des Bogens OM
oder zum cos. von $PM = y$, so ist $Mn = dx \cdot \cos y$, und
das in n rechtwinklige Dreieck Mmn liefert:

$$Mm = \sqrt{(dy)^2 + (dx \cos y)^2}$$

und es ist folglich

$$AM = s = \int \sqrt{(dy)^2 + (dx \cos y)^2} \, .$$

Man hat also zwischen x und y eine Beziehung aufzustellen derart, dass, wenn ihnen bestimmte Werthe AP und PM gegeben werden, das Integral $\int \sqrt{(dy)^2 + (dx\cos y)^2}$ den kleinsten möglichen Werth erhalte. Es sei $dy = p \cdot dx$, um das Integral auf die Form $\int dx\sqrt{p^2 + \cos^2 y}$ zu bringen. Das Integral $\int Z\,dx$, wo Z eine solche Function von x, y und p ist, dass $dZ = M dx + N dy + P dp$ gesetzt werden kann, nimmt nun, wie ich gezeigt habe, seinen grössten oder kleinsten Werth an, wenn $N dx - dP = 0$ ist. In unserem Fall ist

also
$$Z = \sqrt{p^2 + \cos^2 y},$$

$$dZ = -\frac{dy\sin y\cos y}{\sqrt{p^2 + \cos^2 y}} + \frac{p\,dp}{\sqrt{p^2 + \cos^2 y}},$$

und demnach

$$M = 0, \quad N = -\frac{\sin y\cos y}{\sqrt{p^2 + \cos^2 y}}, \quad P = \frac{p}{\sqrt{p^2 + \cos^2 y}}.$$

Es ist also $dZ = N dy + P dp$ zu setzen; multiplicirt man die Gleichung $N dx - dP = 0$ mit p, so erhält man, da $dy = p\,dx$ ist

$$N dy - p\,dP = 0 \quad \text{oder} \quad N dy = p\,dP;$$

setzt man diesen Werth für $N dy$ in den Ausdruck für dZ, so wird

$$dZ = p\,dP + P dp,$$

somit durch Integration:

$$Z = Pp + C, \quad \text{oder also}$$

$$\sqrt{p^2 + \cos^2 y} = \frac{p^2}{\sqrt{p^2 + \cos^2 y}} + C, \quad \text{einfacher:}$$

$$\cos^2 y = C\sqrt{p^2 + \cos^2 y}.$$

Hieraus folgt:

$$C^2 p^2 = \cos^2 y\,(\cos^2 y - C^2) \quad \text{oder}$$

$$p = \frac{dy}{dx} = \frac{\cos y\sqrt{\cos^2 y - C^2}}{C}.$$

Die gesuchte Beziehung zwischen x und y wird also geliefert durch die Differentialgleichung:

$$dx = \frac{C\,dy}{\cos y\,\sqrt{\cos^2 y - C^2}}$$

und mit ihr erhält man ferner

$$ds = dx\,\sqrt{p^2 + \cos^2 y} = \frac{dx\,\cos^2 y}{C}, \qquad \text{oder}$$

$$ds = \frac{dy\,\cos y}{\sqrt{\cos^2 y - C^2}}$$

und der Bogen s selbst wird:

$$s = \int \frac{dy\,\cos y}{\sqrt{\cos^2 y - C^2}}.$$

Zusatz 1.

2. Die Gleichung $dx = \dfrac{C\,dy}{\cos y\,\sqrt{\cos^2 y - C^2}}$ kommt also auf der Kugelfläche der Linie AM zu, die die Eigenschaft besitzt, dass sie den kürzesten möglichen Weg zwischen zwei beliebigen ihrer Punkte vorstellt. Dass diese Linie zugleich ein Grosskreis der Kugel ist, habe ich anderwärts gezeigt; es kommt aber für unsere Zwecke gar nicht in Betracht, welche Beziehung die Linie zur Kugelfläche hat, wenn nur bekannt ist, dass ihr die angegebene Eigenschaft zukommt.

Zusatz 2.

3. Aus

$$dx = \frac{C\,dy}{\cos y\,\sqrt{\cos^2 y - C^2}} \quad \text{folgt} \quad Mn = dx\cos y = \frac{C\,dy}{\sqrt{\cos^2 y - C^2}}.$$

Nun drückt $\dfrac{Mn}{mn}$ die Tang. des Winkels AMP aus und es ist also

$$\operatorname{tg} AMP = \frac{C}{\sqrt{\cos^2 y - C^2}};$$

und da ferner

$$Mm = ds = \frac{dy \cos y}{\sqrt{\cos^2 y - C^2}}$$

und der Bruch $\dfrac{Mn}{Mm}$ gleich dem Sin. des Winkels $A M P$ ist,

so wird: $\sin AMP = \dfrac{C}{\cos y}$ und $\cos AMP = \dfrac{\sqrt{\cos^2 y - C^2}}{\cos y}$.

Zusatz 3.

4. Setzt man $y = 0$, so dass der Punkt M mit A zusammenfällt, so drückt der damit entstehende Werth des Bruchs $\dfrac{dy}{dx}$ die Tang. des Winkels PAM aus, $\dfrac{dy}{ds}$ seinen Sin.

und $\dfrac{dx}{ds}$ seinen Cos. Da dann cos $y = 1$ ist, so wird für

diesen Fall $dx = \dfrac{C\,dy}{\sqrt{1 - C^2}}$ und $ds = \dfrac{dy}{\sqrt{1 - C^2}}$ und demnach:

$$\operatorname{tg} PAM = \frac{\sqrt{1 - C^2}}{C}, \quad \sin PAM = \sqrt{1 - C^2}, \quad \cos PAM = C.$$

Zusatz 4.

5. Führt man also den Winkel PAM an Stelle der Constanten C ein und setzt nun diesen Winkel $PAM = \zeta$, so wird wegen $C = \cos \zeta$:

$$dx = \frac{dy \cos \zeta}{\cos y \sqrt{\cos^2 y - \cos^2 \zeta}} \quad \text{und} \quad ds = \frac{dy \cos y}{\sqrt{\cos^2 y - \cos^2 \zeta}}.$$

Bezeichnet man ferner den Winkel AMP mit θ, so wird:

$$\operatorname{tg}\theta = \frac{\cos \zeta}{\sqrt{\cos^2 y - \cos^2 \zeta}}, \quad \sin\theta = \frac{\cos \zeta}{\cos y}, \quad \cos\theta = \frac{\sqrt{\cos^2 y - \cos^2 \zeta}}{\cos y}.$$

Zusatz 5.

6. Es sind noch die zwei Differentialgleichungen zu integriren, die die Werthe von dx und ds ausdrücken. Man wird finden:

$$x = \arcsin \frac{C \sin y}{\cos y \sqrt{1 - C^2}} \quad \text{oder} \quad \sin x = \frac{C \sin y}{\cos y \sqrt{1 - C^2}} = \frac{\cos \stackrel{.}{.} \sin y}{\sin \stackrel{.}{.} \cos y} ;$$

$$s = \arccos \frac{\sqrt{\cos^2 y - C^2}}{\sqrt{1 - C^2}} \quad \text{oder} \quad \cos s = \frac{\sqrt{\cos^2 y - C^2}}{\sqrt{1 - C^2}} = \frac{\sqrt{\cos^2 y - \cos^2 \stackrel{.}{.}}}{\sin \stackrel{.}{.}} .$$

Zusatz 6.

7. Um aus den Grössen $\stackrel{.}{.}$ und y die übrigen Grössen x, s und θ zu bestimmen, stehen nun also nach dem Vorhergehenden die Gleichungen zu Gebot:

$$\sin x = \frac{\cos \stackrel{.}{.} \sin y}{\sin \stackrel{.}{.} \cos y}, \quad \cos x = \frac{\sqrt{\cos^2 y - \cos^2 \stackrel{.}{.}}}{\sin \stackrel{.}{.} \cos y}, \quad \mathrm{tg}\, x = \frac{\cos \stackrel{.}{.} \sin y}{\sqrt{\cos^2 y - \cos^2 \stackrel{.}{.}}} ;$$

$$\sin s = \frac{\sin y}{\sin \stackrel{.}{.}}, \quad \cos s = \frac{\sqrt{\cos^2 y - \cos^2 \stackrel{.}{.}}}{\sin \stackrel{.}{.}}, \quad \mathrm{tg}\, s = \frac{\sin y}{\sqrt{\cos^2 y - \cos^2 \stackrel{.}{.}}} ;$$

$$\sin \theta = \frac{\cos \stackrel{.}{.}}{\cos y}, \quad \cos \theta = \frac{\sqrt{\cos^2 y - \cos^2 \stackrel{.}{.}}}{\cos y}, \quad \mathrm{tg}\, \theta = \frac{\cos \zeta}{\sqrt{\cos^2 y - \cos^2 \stackrel{.}{.}}} .$$

Zusatz 7.

8. Wenn man die einzige Wurzelgrösse, $\sqrt{\cos^2 y - \cos^2 \stackrel{.}{.}}$, die in diesen Gleichungen vorkommt, wegschaffen will, so erhält man die Gleichungen:

$$\frac{\cos s}{\cos x} = \cos y, \quad \frac{\cos \theta}{\cos x} = \sin \stackrel{.}{.}, \quad \frac{\cos \theta}{\cos s} = \frac{\sin \stackrel{.}{.}}{\cos y} ;$$

$$\frac{\mathrm{tg}\, x}{\mathrm{tg}\, s} = \cos \stackrel{.}{.}, \quad \frac{\mathrm{tg}\, x}{\mathrm{tg}\, \theta} = \sin y, \quad \frac{\mathrm{tg}\, s}{\mathrm{tg}\, \theta} = \frac{\sin y}{\cos \stackrel{.}{.}} ;$$

$$\sin x = \frac{\cos \stackrel{.}{.} \sin y}{\sin \zeta \cos y}; \quad \cos x \cdot \mathrm{tg}\, s = \frac{\sin y}{\sin \stackrel{.}{.} \cos y}; \quad \cos x \cdot \mathrm{tg}\, \theta = \frac{\cos \stackrel{.}{.}}{\sin \stackrel{.}{.} \cos y} ;$$

$$\cos s \cdot \mathrm{tg}\, x = \frac{\cos \stackrel{.}{.} \sin y}{\sin \stackrel{.}{.}}; \quad \sin s = \frac{\sin y}{\sin \zeta} ; \quad \cos s \cdot \mathrm{tg}\, \theta = \frac{\cos \zeta}{\sin \zeta} ;$$

$$\cos \theta \cdot \mathrm{tg}\, x = \frac{\cos \stackrel{.}{.} \sin y}{\cos y}; \quad \cos \theta \cdot \mathrm{tg}\, s = \frac{\sin y}{\cos y} ; \quad \sin \theta = \frac{\cos \zeta}{\cos y} .$$

Zusatz 8.

9. Die fünf Stücke x, y, s, $\frac{z}{2}$ und θ gehören dem rechtwinkligen sphärischen Dreieck APM an; wählt man unter den eben angeschriebenen Gleichungen diejenigen aus, die nur je drei von diesen Stücken enthalten, so erhält man die folgenden 9 Gleichungen in einfachster Form:

I. $\cos s = \cos x \cos y$; II. $\cos \theta = \sin \frac{z}{2} \cos x$; III. $\operatorname{tg} x = \cos \frac{z}{2} \operatorname{tg} s$;

IV. $\operatorname{tg} x = \sin y \operatorname{tg} \theta$; V. $\operatorname{tg} y = \sin x \operatorname{tg} \frac{z}{2}$; VI. $\sin y = \sin \frac{z}{2} \sin s$;

VII. $\cos s \operatorname{tg} \frac{z}{2} \operatorname{tg} \theta = 1$; VIII. $\operatorname{tg} y = \cos \theta \operatorname{tg} s$; IX. $\cos \frac{z}{2} = \sin \theta \cos y$;

sind zwei beliebige Stücke gegeben, so kann man mit Hülfe dieser Gleichungen, wenn als zehnte noch hinzugefügt wird die aus den drei linksstehenden Gleichungen des § 7 (Zusatz 6) folgende:

X. $\sin x = \sin \theta \sin s$,

stets die drei übrigen Stücke finden, ohne dass jetzt mehr eine Wurzelausziehung nothwendig wäre.

Aufgabe II.

10. *Die Formeln zur Auflösung sämmtlicher Fälle* Fig. 2. *der rechtwinkligen sphärischen Dreiecke aufzustellen.*

Auflösung.

Von den Winkeln des Dreiecks (Fig. 2), die mit A, B, C bezeichnet werden sollen, sei C der rechte; die Seiten werden mit den kleinen Buchstaben a, b, c bezeichnet und zwar derart, dass a die Gegenseite des Winkels A u. s. f. ist, dass also c die Hypotenuse, a und b die beiden Katheten des Dreiecks bezeichnen. Im Vergleich dieses Dreiecks mit der vorhin benutzten Figur ist also:

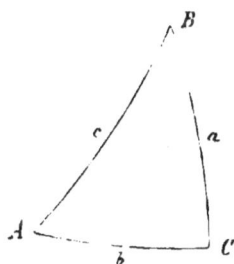

Fig. 2.

$$s = c; \quad x = b; \quad y = a; \quad \frac{z}{2} = A; \quad \theta = B.$$

Die Aufgabe ist nun die, aus irgend zwei gegebenen unter diesen fünf Stücken die drei übrigen zu bestimmen; und die obenstehenden Formeln liefern sofort die in der folgenden Zusammenstellung gegebenen Auflösungen aller möglichen Fälle:

Die zwei gegebenen Stücke:	Bestimmung der drei übrigen durch die Gleichungen:		
I. $a, b.$	$\cos c = \cos a \cos b$;	$\operatorname{tg} A = \dfrac{\operatorname{tg} a}{\sin b}$;	$\operatorname{tg} B = \dfrac{\operatorname{tg} b}{\sin a}$.
II. $a, c.$	$\cos b = \dfrac{\cos c}{\cos a}$;	$\sin A = \dfrac{\sin a}{\sin c}$;	$\cos B = \dfrac{\operatorname{tg} a}{\operatorname{tg} c}$.
III. $b, c.$	$\cos a = \dfrac{\cos c}{\cos b}$;	$\cos A = \dfrac{\operatorname{tg} b}{\operatorname{tg} c}$;	$\sin B = \dfrac{\sin b}{\sin c}$.
IV. $a, A.$	$\sin b = \dfrac{\operatorname{tg} a}{\operatorname{tg} A}$;	$\sin c = \dfrac{\sin a}{\sin A}$;	$\sin B = \dfrac{\cos A}{\cos a}$.
V. $a, B.$	$\operatorname{tg} b = \sin a \operatorname{tg} B$;	$\operatorname{tg} c = \dfrac{\operatorname{tg} a}{\cos B}$;	$\cos A = \cos a \sin B$.
VI. $b, A.$	$\operatorname{tg} a = \sin b \operatorname{tg} A$;	$\operatorname{tg} c = \dfrac{\operatorname{tg} b}{\cos A}$;	$\cos B = \cos b \sin A$.
VII. $b, B.$	$\sin a = \dfrac{\operatorname{tg} b}{\operatorname{tg} B}$;	$\sin c = \dfrac{\sin b}{\sin B}$;	$\sin A = \dfrac{\cos B}{\cos b}$.
VIII. $c, A.$	$\sin a = \sin c \sin A$;	$\operatorname{tg} b = \operatorname{tg} c \cos A$;	$\operatorname{tg} B = \dfrac{1}{\cos c . \operatorname{tg} A}$.
IX. $c, B.$	$\sin b = \sin c \sin B$;	$\operatorname{tg} a = \operatorname{tg} c \cos B$;	$\operatorname{tg} A = \dfrac{1}{\cos c . \operatorname{tg} B}$.
X. $A, B.$	$\cos a = \dfrac{\cos A}{\sin B}$;	$\cos b = \dfrac{\cos B}{\sin A}$;	$\cos c = \dfrac{1}{\operatorname{tg} A \operatorname{tg} B}$.

Zusatz 1.

11. Die Kathete a und ihr Gegenwinkel A kommen in diesen Formeln ganz gleichwerthig mit der Kathete b und ihrem Gegenwinkel B vor, so dass es gleichgiltig ist, welche von beiden Seiten, a oder b, man als Basis des Dreiecks nehmen will, wie es auch die Natur des Gegenstandes verlangt.

Zusatz 2.

12. Die grosse Zahl der Gleichungen, durch die der Zusammenhang zwischen den verschiedenen Stücken eines rechtwinkligen sphärischen Dreiecks ausgedrückt werden kann, lässt sich auf die folgende geringe Anzahl von Formeln zurückführen, die demnach allein auswendig zu merken sind:

I. $\sin c = \dfrac{\sin a}{\sin A} = \dfrac{\sin b}{\sin B}$.

II. $\cos c = \cos a \cos b$.

III. $\cos c = \operatorname{ctg} A \operatorname{ctg} B$.

IV. $\cos A = \dfrac{\operatorname{tg} b}{\operatorname{tg} c}$, $\qquad \cos B = \dfrac{\operatorname{tg} a}{\operatorname{tg} c}$.

V. $\sin A = \dfrac{\cos B}{\cos b}$, $\qquad \sin B = \dfrac{\cos A}{\cos a}$.

VI. $\sin a = \dfrac{\operatorname{tg} b}{\operatorname{tg} B}$, $\qquad \sin b = \dfrac{\operatorname{tg} a}{\operatorname{tg} A}$.

Zusatz 3.

13. Nur die durch diese sechs Gleichungen ausgedrückten Eigenschaften des rechtwinkligen sphärischen Dreiecks sind, wie schon angedeutet, zu merken, um die für alle denkbaren Fälle erforderlichen Formeln vorräthig zu haben.

Aufgabe III.

14. *Die Fläche eines rechtwinkligen sphärischen Drei-* Fig. 1.
ecks zu bestimmen.

Auflösung.

In dem rechtwinkligen sphärischen Dreieck APM (Fig. 1) sei die Basis $AP = x$, die Seite $PM = y$; der dem Meridian

OMP unendlich nahe liegende Omp liefert $Pp = dx$, $mn = dy$.
Da ferner $Mn = dx \cdot \cos y$ ist, so wird die ∞-schmale Fläche

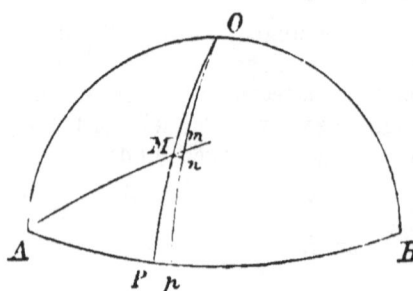

Fig. 1.

$PMmp = dx \sin y$; dies
ist das Differential der Dreiecksfläche APM und diese
selbst also $= \int dx \sin y$.
Nun ist aber, wenn $\overset{..}{\underset{.}{=}}$ den
Winkel PAM bedeutet,
gefunden worden:

$$dx = \frac{dy \cos \overset{..}{\underset{.}{=}}}{\cos y \sqrt{\cos^2 y - \cos^2 \overset{..}{\underset{.}{=}}}},$$

so dass demnach als Aus-
druck für die Oberfläche des Dreiecks APM erhalten wird:

$$\int \frac{dy \sin y \cos \overset{..}{\underset{.}{=}}}{\cos y \sqrt{\cos^2 y - \cos^2 \overset{..}{\underset{.}{=}}}}.$$

Führt man an Stelle von y den Winkel $AMP = 0$ ein, so
erhält man wegen $\sin 0 = \dfrac{\cos \overset{..}{\underset{.}{=}}}{\cos y}$ und $\cos 0 = \dfrac{\sqrt{\cos^2 y - \cos^2 \overset{..}{\underset{.}{=}}}}{\cos y}$:

$$d0 \cos 0 = \frac{dy \cos \overset{..}{\underset{.}{=}} \sin y}{\cos^2 y}, \quad \text{also} \quad d0 = \frac{dy \cos \overset{..}{\underset{.}{=}} \sin y}{\cos y \sqrt{\cos^2 y - \cos^2 \overset{..}{\underset{.}{=}}}}$$

und somit die gesuchte Dreiecksfläche

$$= \int d0 = 0 + \text{Const.}$$

Um den Werth der Const. zu bestimmen, ist zu bemerken,
dass die Dreiecksfläche verschwinden muss, wenn M mit A
zusammenfällt; in diesem Falle wird $0 = 90^0 - \overset{..}{\underset{.}{=}}$. Es muss
also $90^0 - \overset{..}{\underset{.}{=}} + \text{Const.} = 0$ oder

$$\text{Const.} = \overset{..}{\underset{.}{=}} - 90^0 \text{ sein.}$$

Als Werth der gesuchten Dreiecksfläche APM erhält man
damit:

$$\overset{..}{\underset{.}{=}} + 0 - 90^0,$$

d. h. der Ueberschuss der Summe der beiden Winkel PAM
und AMP über einen rechten Winkel drückt die Dreiecksfläche aus.

Zusatz 1.

15. Die Summe der zwei Winkel PAM und AMP ist also stets grösser als ein rechter Winkel, und zwar wächst der Ueberschuss in demselben Maass, wie die Fläche des Dreiecks. Das Product aus der Länge eines Grosskreisbogens, die jenem Ueberschusse entspricht, und dem Halbmesser der Kugel giebt die Fläche des rechtwinkligen sphärischen Dreiecks.

Zusatz 2.

16. Daraus folgt auch leicht die Fläche eines beliebigen sphärischen Dreiecks. Denn da man durch eine Höhe ein solches Dreieck in zwei rechtwinklige zerlegen kann, so erhält man seine Fläche, indem man den Ueberschuss der Summe seiner drei Winkel über $180°$, durch den entsprechenden Grosskreisbogen gemessen, mit dem Halbmesser der Kugel multiplicirt.

Aufgabe IV.

17. *Auf der Oberfläche einer Kugel sind zwei Punkte* Fig.3. *E und M gegeben; man soll die kürzeste Linie EM zwischen diesen beiden Punkten bestimmen.*

Auflösung.

Man verbinde (Fig. 3) die beiden Punkte mit dem einen der Pole durch die Meridiane OE und OM, von denen der letztere variabel gedacht werde. Es seien die Meridianbögen $OE = a$, $OM = x$ und der Winkel $EOM = y$; bei den gesuchten Grössen sei der Bogen EM mit s, der Winkel OEM mit α, der Winkel OME mit φ bezeichnet. Dieser Winkel φ

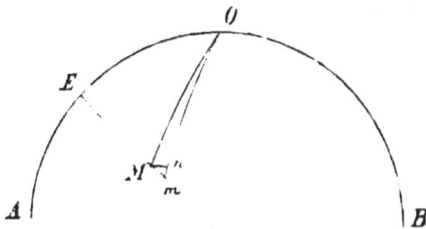

Fig. 3.

ist mit x, y und s veränderlich, während a und α unveränderlich bleiben. Auf den dem Meridian OM ∞-naheliegenden

Meridian Om fälle man von M aus das Loth Mn; es ist dann, wenn der Halbmesser der Kugel die Längeneinheit ist. $mn = dx$, der Winkel $MOm = dy$, $Mn = dy \cdot \sin x$. Man erhält hieraus:

$$\operatorname{tg}\varphi = \frac{Mn}{mn} = \frac{dy\sin x}{dx} \quad \text{oder} \quad \sin\varphi = \frac{dy\sin x}{ds} \quad \text{und} \quad \cos\varphi = \frac{dx}{ds}.$$

Da nun $ds = \sqrt{(dx)^2 + (dy\sin x)^2}$ ist, so soll $\int \sqrt{(dx)^2 + (dy\sin x)^2}$ ein Minimum werden. Setzt man $dy = p \cdot dx$, so ist also, mit $Z = \sqrt{1 + (p\sin x)^2}$, der Ausdruck $\int Z\,dx$ zum Minimum zu machen. Ist nun allgemein $dZ = M dx + N dy + P dp$, so ist die Bedingung des Minimums: $N dx - dP = 0$. In Anwendung auf unsern Fall ist $N = 0$, $P = \dfrac{p\sin^2 x}{\sqrt{1 + (p\sin x)^2}}$, also unsere Bedingung für das Minimum:

$$dP = 0, \quad \text{d. h.} \quad P = \text{Const.},$$

oder es muss sein:

$$\frac{p\sin^2 x}{\sqrt{1 + (p\sin x)^2}} = C \quad \text{oder} \quad \frac{dy\sin^2 x}{\sqrt{(dx)^2 + (dy\sin x)^2}} = C,$$

oder

$$\frac{dy\sin^2 x}{ds} = \sin x \sin\varphi = C.$$

Zur Bestimmung von C ist zu bemerken, dass mit verschwindendem Winkel $EOM = y$ werden muss $x = a$ und $\varphi = 180^\circ - \alpha$ oder $\sin\varphi = \sin\alpha$, d. h. man erhält aus diesem Grenzfall $\sin a \sin\alpha = C$. Das Minimum erfordert also die Gleichung:

$$\frac{dy\sin^2 x}{\sqrt{(dx)^2 + (dy\sin x)^2}} = \sin a \sin\alpha.$$

Um diese Differentialgleichung zu integriren, hat man, wenn für $\sin a \sin\alpha$ vorläufig wieder C gesetzt wird,

$$dy = \frac{C\,dx}{\sin x\,\sqrt{\sin^2 x - C^2}} \qquad \text{und damit}$$

wegen $ds = \dfrac{dy \sin^2 x}{C}$,

$$ds = \frac{dx \sin x}{\sqrt{\sin^2 x - C'^2}}.$$

Durch die Integration erhält man also:

$$y = - \operatorname{arc\,sin} \frac{C \cos x}{\sin x \sqrt{1 - C^2}} + \operatorname{arc\,sin} \frac{C \cos a}{\sin a \sqrt{1 - C^2}}$$

$$= - \operatorname{arc\,cos} \frac{\sqrt{\sin^2 x - C'^2}}{\sin x \sqrt{1 - C^2}} + \operatorname{arc\,cos} \frac{\sqrt{\sin^2 a - C^2}}{\sin a \sqrt{1 - C^2}},$$

$$s = - \operatorname{arc\,cos} \frac{\sqrt{\sin^2 x - C'^2}}{\sqrt{1 - C^2}} + \operatorname{arc\,cos} \frac{\sqrt{\sin^2 a - C^2}}{\sqrt{1 - C^2}}$$

$$= - \operatorname{arc\,sin} \frac{\cos x}{\sqrt{1 - C^2}} + \operatorname{arc\,sin} \frac{\cos a}{\sqrt{1 - C^2}};$$

die rechts hinzugefügten Constanten sind so gewählt, dass $x = a$ wird mit $y = 0$ und $s = 0$. Wenn in beiden Gleichungen die beiden Arc der rechten Seite vereinigt werden, so erhält man:

$$y = \operatorname{arc\,sin} \frac{C \cos a \sqrt{\sin^2 x - C'^2} - C \cos x \sqrt{\sin^2 a - C^2}}{(1 - C^2) \sin a \sin x},$$

$$s = \operatorname{arc\,sin} \frac{\cos a \sqrt{\sin^2 x - C'^2} - \cos x \sqrt{\sin^2 a - C^2}}{1 - C^2} \quad \text{oder:}$$

$$(1 - C'^2) \sin a \sin x \sin y = C \cos a \sqrt{\sin^2 x - C'^2} - C \cos x \sqrt{\sin^2 a - C'^2},$$

$$(1 - C^2) \sin s = \cos a \sqrt{\sin^2 x - C^2} - \cos x \sqrt{\sin^2 a - C^2}.$$

Mit Benutzung der Cos von y und von s wird:

$$(1 - C'^2) \sin a \sin x \cos y = \sqrt{(\sin^2 a - C^2)(\sin^2 x - C^2)} + C^2 \cos a \cos x,$$

$$(1 - C^2) \cos s = \sqrt{(\sin^2 a - C^2)(\sin^2 x - C^2)} + \cos a \cos x.$$

Setzt man für C wieder den oben gefundenen Werth $\sin a \sin \alpha$, so wird

$$\sqrt{\sin^2 a - C'^2} = - \sin a \cos \alpha;$$

der Winkel α ist hier nämlich stumpf zu nehmen, damit φ in E spitz sei: mit $y = 0$ wird $\varphi = 180^\circ - \alpha$, also sein cos gleich $- \cos\alpha$. Damit wird aus den letzten vier Gleichungen:

$$(1 - \sin^2 a \sin^2 \alpha)\sin x \sin y = \sin\alpha\cos\alpha\sqrt{\sin^2 x - \sin^2 a \sin^2 \alpha} + \sin\alpha\cos\alpha\sin a\cos x$$

$$(1 - \sin^2 a \sin^2 \alpha)\sin x \cos y = -\cos\alpha\sqrt{\sin^2 x - \sin^2 a \sin^2 \alpha} + \sin a\cos a\sin^2\alpha\cos x$$

$$(1 - \sin^2 a \sin^2 \alpha)\sin s \quad = \cos a\sqrt{\sin^2 x - \sin^2 a \sin^2 \alpha} + \sin a\cos\alpha\cos x$$

$$(1 - \sin^2 a \sin^2 \alpha)\cos s \quad = -\sin a\cos\alpha\sqrt{\sin^2 x - \sin^2 a \sin^2 \alpha} + \cos a\cos x ;$$

und diesen vier Gleichungen ist noch hinzuzufügen:

$$\sin x \sin \varphi = \sin a \sin \alpha .$$

Zusatz 1.

18. Da $\sin a \sin \alpha = \sin x \sin \varphi$ ist, so wird

$$\sqrt{\sin^2 x - \sin^2 a \sin^2 \alpha} = + \sin x \cos \varphi$$

und unsere vier Gleichungen werden, wenn der Abkürzung halber wieder C^2 an Stelle von $\sin^2 a \sin^2 \alpha$ oder $\sin^2 x \sin^2 \varphi$ gesetzt wird:

I $\quad (1 - C^2) \sin y = \sin a \cos a \cos \varphi + \cos a \cos x \sin \varphi$

II $\quad (1 - C^2) \cos y = - \cos a \cos \varphi + \sin a \cos a \cos x \sin \varphi$

III $\quad (1 - C^2) \sin s = \cos a \sin x \cos \varphi + \sin a \cos \alpha \cos x$

IV $\quad (1 - C^2) \cos s = - \sin a \cos \alpha \sin x \cos \varphi + \cos a \cos x .$

Zusatz 2.

19. Diese vier Gleichungen kann man, um **einfachere** Formeln zu erhalten, auf verschiedene Art combiniren. Nimmt man zuerst

$$\text{I. } \cos\alpha + \text{II. } \sin\alpha\cos a ,$$

so erhält man:

$$(1 - C^2)(\cos\alpha\sin y + \sin\alpha\cos a\cos y)$$
$$= (\cos^2\alpha + \sin^2\alpha\cos^2 a)\cos x \sin\varphi ;$$

da nun $\cos^2\alpha + \sin^2\alpha\cos^2 a = 1 - \sin^2\alpha\sin^2 a = 1 - C^2$ ist, so wird:

$$\cos a \sin y + \sin a \cos a \cos y = \cos x \sin \varphi = \frac{\sin a \sin a}{\operatorname{tg} x}$$

oder

$$\operatorname{tang} x \sin y + \operatorname{tg} a \operatorname{tg} x \cos a \cos y = \operatorname{tg} a \sin a .$$

Zusatz 3.

20. Nimmt man I. $\sin a \cos a$ — II. $\cos a$, so erhält man:

$$(1 - C^2)(\sin a \cos a \sin y - \cos a \cos y) = (\sin^2 a \cos^2 a - \cos^2 a)\cos \varphi$$
$$= (1 - C^2) \cos \varphi ,$$

oder nach Division mit $(1 - C^2)$:

$$\sin a \cos a \sin y - \cos a \cos y = \cos \varphi .$$

Zusatz 4.

21. Die Combination I. $\sin x$ — III. $\sin a$ giebt

$$(1 - C^2)(\sin x \sin y - \sin a \sin s) = 0 \qquad \text{oder}$$

$$\sin x \sin y = \sin a \sin s .$$

Da ferner $\sin x \sin \varphi = \sin a \sin a$ ist, so erhält man $\sin a \sin y = \sin \varphi \sin s$ oder die Proportion:

$$\sin a : \sin \varphi = \sin x : \sin a = \sin s : \sin y .$$

Zusatz 5.

22. Die Verbindung I. $\sin a \cos a \sin x$ + IV. $\sin x \cos a$ liefert:

$$(1 - C^2)(\sin a \cos a \sin x \sin y + \sin a \cos a \cos s)$$
$$= \cos x (\sin a \cos^2 a \sin x \sin \varphi + \sin a \cos^2 a) .$$

Wegen $\sin x \sin \varphi = \sin a \sin a$ kann man diese Gleichung auch so schreiben:

$$\sin a \cos x (\sin^2 a \cos^2 a + \cos^2 a) = (1 - \sin^2 a \sin^2 a) \sin a \cos x$$
$$= (1 - C^2) \sin a \cos x$$

oder nach Division mit $(1 - C^2)$:

$$\sin a \cos a \sin x \sin y + \sin a \cos a \cos s = \sin a \cos x .$$

2*

Beachtet man, dass $\sin y = \dfrac{\sin \alpha \sin s}{\sin x}$ ist, so lautet diese Gleichung:

$$\sin a \cos \alpha \sin s + \cos a \cos s = \cos x.$$

Zusatz 6.

23. Die Combination I. $\cos a$ — IV. $\cos \alpha \sin \varphi$ liefert ferner:

$$(1 - C^2)(\cos a \sin y - \cos \alpha \sin \varphi \cos s)$$
$$= \cos \varphi (\sin \alpha \cos^2 a + \sin a \cos^2 \alpha \sin x \sin \varphi)$$

oder mit Rücksicht auf $\sin x \sin \varphi = \sin a \sin \alpha$:

$$\sin \alpha \cos \varphi (\cos^2 a + \sin^2 a \cos^2 \alpha) = (1 - C^2) \sin \alpha \cos \varphi,$$

oder endlich nach Division mit $(1 - C^2)$:

$$\cos a \sin y - \cos \alpha \sin \varphi \cos s = \sin \alpha \cos \varphi.$$

Da nun $\sin y = \dfrac{\sin \varphi \sin s}{\sin a}$ ist, so geht diese Gleichung über in:

$$\cos a \sin \varphi \sin s - \sin a \cos \alpha \sin \varphi \cos s = \sin a \sin \alpha \cos \varphi$$

oder

$$\operatorname{tg} \varphi \sin s - \cos \alpha \operatorname{tg} a \operatorname{tg} \varphi \cos s = \sin \alpha \operatorname{tg} a.$$

Zusatz 7.

24. Aus der Verbindung II. $\cos a \sin x$ + III. $\cos \alpha$ erhält man:

$$(1 - C^2)(\cos a \sin x \cos y + \cos \alpha \sin s)$$
$$= \cos x(\sin \alpha \cos^2 a \sin x \sin \varphi + \sin a \cos^2 \alpha)$$

oder mit Beachtung von $\sin x \sin \varphi = \sin a \sin \alpha$:

$$\sin a \cos x (\sin^2 \alpha \cos^2 a + \cos^2 \alpha) = (1 - C^2) \sin a \cos x;$$

dividirt man mit $(1 - C^2)$ durch, so wird:

$$\cos a \sin x \cos y + \cos \alpha \sin s = \sin a \cos x$$

oder wegen $\sin s = \dfrac{\sin x \sin y}{\sin \alpha}$:

$$\sin a \cos a \sin x \cos y + \cos \alpha \sin x \sin y = \sin \alpha \sin a \cos x$$

oder endlich

$$\mathbf{tg}\,\alpha \cos a\, \mathbf{tg}\,x \cos y + \mathbf{tg}\,x \sin y = \mathbf{tg}\,\alpha \sin a\,,$$

übereinstimmend mit der Gleichung in § 19.

Zusatz 8.

25. Wenn man — II. $\sin a \cos \alpha$ + III. $\cos a \sin \alpha \sin \varphi$ nimmt, so ergiebt sich:

$$(1 - C^2)(\cos a \sin \alpha \sin s \sin \varphi - \sin a \cos \alpha \cos y)$$
$$= \cos \varphi (\sin a \cos^2 \alpha + \cos^2 a \sin \alpha \sin x \sin \varphi)$$

oder wegen $\sin x \sin \varphi = \sin a \sin \alpha$:

$$\sin a \cos \varphi (\cos^2 \alpha + \cos^2 a \sin^2 \alpha) = (1 - C^2) \sin a \cos \varphi.$$

Da $\sin s = \dfrac{\sin a \sin y}{\sin \varphi}$ ist, so geht diese Gleichung über in:

$$\cos a \sin \alpha \sin y - \cos \alpha \cos y = \cos \varphi\,,$$

genau wie in § 20.

Zusatz 9.

26. Bildet man ferner: II. $\sin a \sin x$ — IV., so erhält man:

$$(1 - C^2)(\sin a \sin x \cos y - \cos s) = \cos a \cos x (\sin a \sin \alpha \sin x \sin \varphi - 1)$$

oder wegen $\sin x \sin \varphi = \sin a \sin \alpha$:

$$\cos a \cos x (\sin^2 a \sin^2 \alpha - 1) = - (1 - C^2) \cos a \cos x.$$

Dividirt man mit $-(1 - C^2)$ durch, so wird also:

$$\cos s - \sin a \sin x \cos y = \cos a \cos x.$$

Zusatz 10.

27. Die Verbindung II—IV. $\sin \alpha \sin \varphi$ giebt:

$$(1 - C^2)(\cos y - \sin a \sin \varphi \cos s)$$
$$= \cos a \cos \varphi (\sin a \sin \alpha \sin x \sin \varphi - 1)$$

oder

$$\sin a \sin \varphi \cos s - \cos y = \cos a \cos \varphi.$$

Zusatz 11.

28. Die Combination III. $\sin a \cos a +$ IV. $\cos a$ liefert:

$$(1 - C^2)(\sin a \cos \alpha \sin s + \cos a \cos s) = \cos x \, (\sin^2 a \cos^2 \alpha + \cos^2 \alpha)$$

oder

$$\sin a \cos \alpha \sin s + \cos a \cos s = \cos x,$$

übereinstimmend mit § 22.

Zusatz 12.

29. Endlich erhält man durch III. $\cos a -$ IV. $\sin a \cos \alpha$:

$$(1 - C^2)(\cos a \sin s - \sin a \cos \alpha \cos s)$$
$$= \sin x \cos \varphi \,(\cos^2 \alpha + \sin^2 a \cos^2 \alpha) \qquad \text{oder}$$

$$\cos a \sin s - \sin a \cos \alpha \cos s = \sin x \cos \varphi = \frac{\sin a \sin \alpha \cos \varphi}{\sin \varphi}$$

oder endlich

$$\operatorname{tg} \varphi \sin s - \operatorname{tg} a \operatorname{tg} \varphi \cos \alpha \cos s = \operatorname{tg} a \sin \alpha,$$

wie auch in § 23 gefunden wurde.

Aufgabe V.

Fig. 4.   **30.** *Die Beziehungen zwischen den Seiten und den Winkeln eines beliebigen sphärischen Dreiecks aufzustellen.*

Auflösung.

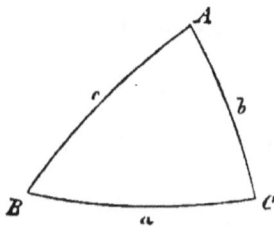

Fig. 4.

Wie auch das gegebene sphärische Dreieck ABC beschaffen sein mag, so kann man eine seiner Ecken, z. B. A, als den Pol der Kugel annehmen, so dass AB und AC zwei Meridiane sind, während die dritte Seite BC die kürzeste, der Kugeloberfläche angehörende Linie zwischen den Punkten B und C vorstellt. Damit kann das Dreieck mit dem in der letzten Aufgabe betrachteten Dreieck EOM identificirt werden; bezeichnen nämlich A, B, C die Winkel des gegebenen Dreiecks in den gleichnamigen Eckcn, und werden die Seiten $AB = c$, $AC = b$, $BC = a$ gesetzt, so entsprechen sich die in der vorigen Figur und die in der jetzigen angewandten Bezeichnungen iu folgender Weise:

frühere Bezeichnung: a, x, s; y, u, φ
jetzige Bezeichnung: c, b, a; A, B, C.

Die in den Zusätzen zur letzten Aufgabe gefundenen Formeln liefern daher für das sphärische Dreieck ABC die folgenden Beziehungen:

I. $\sin a : \sin A = \sin b : \sin B = \sin c : \sin C$, nach § 21.

II. $\begin{cases} \cos C = \cos c \sin A \sin B - \cos A \cos B, & \text{nach § 20.} \\ \cos B = \cos b \sin A \sin C - \cos A \cos C, & \text{nach Analogie.} \\ \cos A = \cos a \sin B \sin C - \cos B \cos C, & \text{nach § 27.} \end{cases}$

III. $\begin{cases} \cos c = \cos C \sin a \sin b + \cos a \cos b, & \text{nach Analogie.} \\ \cos b = \cos B \sin a \sin c + \cos a \cos c, & \text{nach § 22.} \\ \cos a = \cos A \sin b \sin c + \cos b \cos c, & \text{nach § 26.} \end{cases}$

IV. $\begin{cases} \sin a \operatorname{tg} C - \sin B \operatorname{tg} c = \cos a \cos B \operatorname{tg} C \operatorname{tg} c, & \text{nach § 23.} \\ \sin b \operatorname{tg} A - \sin C \operatorname{tg} a = \cos b \cos C \operatorname{tg} A \operatorname{tg} a, & \text{nach Analogie.} \\ \sin c \operatorname{tg} B - \sin A \operatorname{tg} b = \cos c \cos A \operatorname{tg} B \operatorname{tg} b, & \text{nach § 19.} \end{cases}$

Diese vier Formeln enthalten in der That alle Gleichungen, die wir bei der vorigen Aufgabe III aufgestellt haben.

Zusatz 1.

31. Die erste Gleichung drückt die allgemein bekannte Eigeuschaft aller sphärischen Dreiecke aus, dass die Sin der Seiten in demselben Verhältniss zu einander stehen, wie die Sin der gegenüberliegenden Winkel.

Zusatz 2.

32. Wenn also in einem sphärischen Dreieck eine Seite und ihr Gegenwinkel, und ausserdem noch eine Seite, oder noch ein Winkel bekannt sind, so erhält man mit Hülfe dieses Satzes sofort den Gegenwinkel dieser Seite oder die Gegenseite dieses Winkels.

Zusatz 3.

33. Jede der soeben aufgestellten Formeln enthält nur **vier** der dem Dreieck angehörenden Stücke; wenn drei dieser Stücke gegeben sind, so kann also aus der entsprechenden Gleichung das vierte bestimmt werden.

Zusatz 4.

34. Es müssen sich also damit die Regeln zur Auflösung aller sphärischen Dreiecke aufstellen lassen. Das Dreieck enthält nun sechs Stücke, nämlich die drei Seiten und die drei Winkel; wenn drei davon bekannt sind, so müssen sich die drei übrigen berechnen lassen, wie in den folgenden Aufgaben zu zeigen sein wird.

Aufgabe VI.

Fig. 4.   **35.** *In einem sphärischen Dreieck sind die drei Seiten gegeben, man soll die Winkel bestimmen.*

Auflösung.

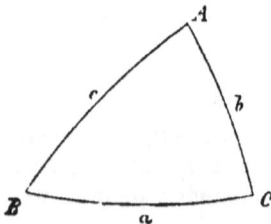

Fig. 4.

Die drei gegebenen Seiten seien $AB = c$, $AC = b$, und $BC = a$; zur Bestimmung der drei Winkel A, B, C stehen die Gleichungen III zu Gebot, die liefern:

$$\cos A = \frac{\cos a - \cos b \cos c}{\sin b \sin c}$$

$$\cos B = \frac{\cos b - \cos a \cos c}{\sin a \sin c}$$

$$\cos C = \frac{\cos c - \cos a \cos b}{\sin a \sin b}.$$

Zusatz 1.

36. Man erhält hieraus ·

$$1 - \cos A = \frac{\sin b \sin c + \cos b \cos c - \cos a}{\sin b \sin c}$$

oder wegen

$$\cos (b - c) = \cos b \cos c + \sin b \sin c:$$

$$1 - \cos A = \frac{\cos (b - c) - \cos a}{\sin b \sin c}.$$

Zusatz 2.

37. Da nun $\cos p - \cos q = 2 \sin \frac{1}{2}(q - p) \sin \frac{1}{2}(p + q)$ ist, so kann man an Stelle der letzten Gleichung auch schreiben:

$$1 - \cos A = \frac{2 \sin \frac{1}{2} (a - b + c) \sin \frac{1}{2} (a + b - c)}{\sin b \sin c}$$

oder wegen $\qquad 1 - \cos A = 2 \sin^2 \frac{1}{2} A \qquad$ auch:

$$\sin \tfrac{1}{2} A = \sqrt{\frac{\sin \frac{1}{2} (a - b + c) \sin \frac{1}{2} (a + b - c)}{\sin b \sin c}};$$

und ebenso

$$\sin \tfrac{1}{2} B = \sqrt{\frac{\sin \frac{1}{2}(b - a + c) \sin \frac{1}{2} (b + a - c)}{\sin a \sin c}}$$

$$\sin \tfrac{1}{2} C = \sqrt{\frac{\sin \frac{1}{2} (c - a + b) \sin \frac{1}{2} (c + a - b)}{\sin a \sin b}}.$$

Zusatz 3.

38. Addirt man dagegen zu den Gleichungen in § 35 auf beiden Seiten 1, so erhält man aus der ersten:

$$1 + \cos A = \frac{\cos a - \cos b \cos c + \sin b \sin c}{\sin b \sin c} = \frac{\cos a - \cos (b + c)}{\sin b \sin c}$$

oder wegen

$$1 + \cos A = 2 \cos^2 \tfrac{1}{2} A:$$

$$\cos \tfrac{1}{2} A = \sqrt{\frac{\sin \tfrac{1}{2}(b + c - a)\sin \tfrac{1}{2}(b + c + a)}{\sin b \sin c}}$$

$$\cos \tfrac{1}{2} B = \sqrt{\frac{\sin \tfrac{1}{2}(a + c - b)\sin \tfrac{1}{2}(a + c + b)}{\sin a \sin c}}$$

$$\cos \tfrac{1}{2} C = \sqrt{\frac{\sin \tfrac{1}{2}(a + b - c)\sin \tfrac{1}{2}(a + b + c)}{\sin a \sin b}}.$$

Zusatz 4.

39. Aus den zwei letzten Gruppen von Gleichungen erhält man als Ausdrücke für die **Tang** der halben Winkel:

$$\operatorname{tg} \tfrac{1}{2} A = \sqrt{\frac{\sin \tfrac{1}{2}(a - b + c)\sin \tfrac{1}{2}(a + b - c)}{\sin \tfrac{1}{2}(b + c - a)\sin \tfrac{1}{2}(b + c + a)}}$$

$$\operatorname{tg} \tfrac{1}{2} B = \sqrt{\frac{\sin \tfrac{1}{2}(b - a + c)\sin \tfrac{1}{2}(b + a - c)}{\sin \tfrac{1}{2}(a + c - b)\sin \tfrac{1}{2}(a + c + b)}}$$

$$\operatorname{tg} \tfrac{1}{2} C = \sqrt{\frac{\sin \tfrac{1}{2}(c - a + b)\sin \tfrac{1}{2}(c + a - b)}{\sin \tfrac{1}{2}(a + b - c)\sin \tfrac{1}{2}(a + b + c)}}.$$

Zusatz 5.

40. Diese Formeln sind für die logarithmische Rechnung sehr bequem. Uebrigens könnte man, nachdem einer der Winkel, z. B. *A*, bestimmt ist, die beiden andern auch ebenso einfach durch die Gleichungen

$$\sin B = \frac{\sin b \sin A}{\sin a}, \quad \sin C = \frac{\sin c \sin A}{\sin a}$$

bestimmen, wenn nur bekannt ist, ob diese Winkel grösser oder kleiner als ein Rechter sind; wenn man sich aber der eben gefundenen Formeln bedient, so ist keine Zweideutigkeit vorhanden, da die gefundenen halben Winkel stets kleiner als ein rechter Winkel sind.

Zusatz 6.

41. Aus den Formeln für die **Tang** der halben Winkel kann man noch weitere bemerkenswerthe Gleichungen erhalten; multiplicirt man je zwei, so erhält man z. B.

$$\tan \tfrac{1}{2} A \tan \tfrac{1}{2} B = \frac{\sin \tfrac{1}{2}(a + b - c)}{\sin \tfrac{1}{2}(a + b + c)}$$

oder wegen:

$$\sin p + \sin q = 2 \sin \tfrac{1}{2}(p + q) \cos \tfrac{1}{2}(p - q)$$

$$\sin p - \sin q = 2 \sin \tfrac{1}{2}(p - q) \cos \tfrac{1}{2}(p + q):$$

$$1 + \tan \tfrac{1}{2} A \tan \tfrac{1}{2} B = \frac{2 \sin \tfrac{1}{2}(a + b) \cos \tfrac{1}{2} c}{\sin \tfrac{1}{2}(a + b + c)} \qquad \text{und}$$

$$1 - \tan \tfrac{1}{2} A \tan \tfrac{1}{2} B = \frac{2 \sin \tfrac{1}{2} c \cos \tfrac{1}{2}(a + b)}{\sin \tfrac{1}{2}(a + b + c)} .$$

Zusatz 7.

42. Addirt und subtrahirt man dagegen je zwei jener Formeln, so ergiebt sich z. B.:

$$\operatorname{tg} \tfrac{1}{2} A \pm \operatorname{tg} \tfrac{1}{2} B = \frac{(\sin \tfrac{1}{2}(a + c - b) \pm \sin \tfrac{1}{2}(b + c - a)) \sqrt{\sin \tfrac{1}{2}(a + b - c)}}{\sqrt{\sin \tfrac{1}{2}(b + c - a) \sin \tfrac{1}{2}(a + c - b) \sin \tfrac{1}{2}(a + b + c)}}$$

oder, mit Einführung von $\tfrac{1}{2} C$:

$$\operatorname{tg} \tfrac{1}{2} A \pm \operatorname{tg} \tfrac{1}{2} B = \frac{\sin \tfrac{1}{2}(a + c - b) \pm \sin \tfrac{1}{2}(b + c - a)}{\operatorname{tg} \tfrac{1}{2} C \sin \tfrac{1}{2}(a + b + c)} .$$

Mit Hülfe derselben Reduction wie oben erhalten wir also:

$$\operatorname{tg} \tfrac{1}{2} A + \operatorname{tg} \tfrac{1}{2} B = \frac{2 \sin \tfrac{1}{2} c \cos \tfrac{1}{2}(a - b)}{\operatorname{tg} \tfrac{1}{2} C \sin \tfrac{1}{2}(a + b + c)} \qquad \text{und}$$

$$\operatorname{tg} \tfrac{1}{2} A - \operatorname{tg} \tfrac{1}{2} B = \frac{2 \sin \tfrac{1}{2}(a - b) \cos \tfrac{1}{2} c}{\operatorname{tg} \tfrac{1}{2} C \sin \tfrac{1}{2}(a + b + c)} .$$

Zusatz 8.

43. Da ferner $\operatorname{tg} \tfrac{1}{2}(A + B) = \dfrac{\operatorname{tg} \tfrac{1}{2} A + \operatorname{tg} \tfrac{1}{2} B}{1 - \operatorname{tg} \tfrac{1}{2} A \operatorname{tg} \tfrac{1}{2} B}$ ist, so ergeben sich aus den Formeln der Zusätze 6 und 7 die Gleichungen:

$$\operatorname{tg} \tfrac{1}{2}(A + B) = \frac{\cos \tfrac{1}{2}(a - b)}{\operatorname{tg} \tfrac{1}{2} C \cos \tfrac{1}{2}(a + b)}$$

und nach Analogie

$$tg \tfrac{1}{2}(A + C) = \frac{\cos \tfrac{1}{2}(a - c)}{tg \tfrac{1}{2} B \cos \tfrac{1}{2}(a + c)}$$

$$tg \tfrac{1}{2}(B + C) = \frac{\cos \tfrac{1}{2}(b - c)}{tg \tfrac{1}{2} A \cos \tfrac{1}{2}(b + c)} .$$

Zusatz 9.

44. Endlich erhält man mit Rücksicht auf

$$tg \tfrac{1}{2}(A - B) = \frac{tg \tfrac{1}{2} A - tg \tfrac{1}{2} B}{1 + tg \tfrac{1}{2} A \, tg \tfrac{1}{2} B}$$

aus diesen Formeln:

$$tg \tfrac{1}{2}(A - B) = \frac{\sin \tfrac{1}{2}(a - b)}{tg \tfrac{1}{2} C \sin \tfrac{1}{2}(a + b)} ,$$

$$tg \tfrac{1}{2}(A - C) = \frac{\sin \tfrac{1}{2}(a - c)}{tg \tfrac{1}{2} B \sin \tfrac{1}{2}(a + c)} ,$$

$$tg \tfrac{1}{2}(B - C) = \frac{\sin \tfrac{1}{2}(b - c)}{tg \tfrac{1}{2} A \sin \tfrac{1}{2}(b + c)} .$$

Aufgabe VII.

Fig. 4.   **45.** *In einem sphärischen Dreieck sind die drei Winkel gegeben, man soll die drei Seiten bestimmen.*

Auflösung.

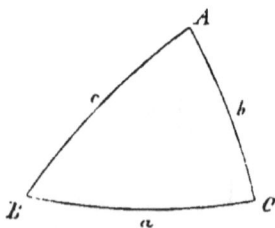

Fig. 4.

In dem Dreieck ABC (Fig. 4) seien die Winkel A, B, C gegeben; man sucht die Seiten $AB = c$, $AC = b$, $BC = a$. Die Gleichungen II des § 30 liefern sofort für die Cos dieser Seiten die Ausdrücke:

$$\cos a = \frac{\cos A + \cos B \cos C}{\sin B \sin C}$$

$$\cos b = \frac{\cos B + \cos A \cos C}{\sin A \sin C}$$

$$\cos c = \frac{\cos C + \cos A \cos B}{\sin A \sin B} .$$

Zusatz 1.

46. Aus der ersten dieser Gleichungen folgen zunächst die zwei weitern:

$$1 - \cos a = \frac{-\cos A - \cos (B + C)}{\sin B \sin C}$$

$$1 + \cos a = \frac{\cos A + \cos \, B - C)}{\sin B \sin C},$$

oder, mit Rücksicht auf $\cos p + \cos q = 2 \cos\frac{1}{2}(p+q)\cos\frac{1}{2}(p-q)$:

$$1 - \cos a = - \frac{2 \cos\frac{1}{2}(A + B + C) \cos\frac{1}{2}(B + C - A)}{\sin B \sin C}$$

$$1 + \cos a = \frac{2 \cos\frac{1}{2}(A + B - C) \cos\frac{1}{2}(A - B + C)}{\sin B \sin C}.$$

Zusatz 2.

47. Da nun $1 - \cos a = 2 \sin^2\frac{1}{2}a$ und $1 + \cos a = 2 \cos^2\frac{1}{2}a$ ist, so ergeben sich hieraus die Formeln:

$$\sin\tfrac{1}{2}a = \sqrt{-\frac{\cos\frac{1}{2}(A + B + C) \cos\frac{1}{2}(B + C - A)}{\sin B \sin C}}$$

$$\sin\tfrac{1}{2}b = \sqrt{-\frac{\cos\frac{1}{2}(A + B + C) \cos\frac{1}{2}(A + C - B)}{\sin A \sin C}}$$

$$\sin\tfrac{1}{2}c = \sqrt{-\frac{\cos\frac{1}{2}(A + B + C) \cos\frac{1}{2}(A + B - C)}{\sin A \sin B}},$$

wobei zu bemerken ist, dass die Summe der Winkel $A + B + C$ mehr als zwei Rechte beträgt, ihre Hälfte grösser als ein Rechter und deren Cos also negativ ist.

Zusatz 3.

48. Für die Cos der halben Seiten erhält man:

$$\cos\tfrac{1}{2}a = \sqrt{\frac{\cos\frac{1}{2}(A + B - C) \cos\frac{1}{2}(A - B + C)}{\sin B \sin C}}$$

$$\cos \tfrac{1}{2} b = \sqrt{\frac{\cos \tfrac{1}{2}(B + A - C)\cos \tfrac{1}{2}(B - A + C)}{\sin A \sin C}}$$

$$\cos \tfrac{1}{2} c = \sqrt{\frac{\cos \tfrac{1}{2}(C + A - B)\cos \tfrac{1}{2}(C - A + B)}{\sin A \sin B}};$$

diese Formeln für die Sin (in 47) und Cos der halben Seiten sind wieder für die logarithmische Rechnung bequem.

Zusatz 4.

49. Noch wichtiger und für die Rechnung mit Logarithmen eben so bequem sind aber die aus jenen Formeln unmittelbar sich ergebenden Ausdrücke für die Tang der halben Seiten, nämlich:

$$\operatorname{tg} \tfrac{1}{2} a = \sqrt{-\frac{\cos \tfrac{1}{2}(A + B + C)\cos \tfrac{1}{2}(B + C - A)}{\cos \tfrac{1}{2}(A + B - C)\cos \tfrac{1}{2}(A - B + C)}}$$

$$\operatorname{tg} \tfrac{1}{2} b = \sqrt{-\frac{\cos \tfrac{1}{2}(A + B + C)\cos \tfrac{1}{2}(A + C - B)}{\cos \tfrac{1}{2}(B + A - C)\cos \tfrac{1}{2}(B - A + C)}}$$

$$\operatorname{tg} \tfrac{1}{2} c = \sqrt{-\frac{\cos \tfrac{1}{2}(A + B + C)\cos \tfrac{1}{2}(A + B - C)}{\cos \tfrac{1}{2}(C + A - B)\cos \tfrac{1}{2}(C - A + B)}}.$$

Zusatz 5.

50. Durch Multiplication je zweier dieser Ausdrücke für die Tang der halben Seiten erhält man z. B.

$$\operatorname{tg} \tfrac{1}{2} a \operatorname{tg} \tfrac{1}{2} b = -\frac{\cos \tfrac{1}{2}(A + B + C)}{\cos \tfrac{1}{2}(A + B - C)}$$

und hieraus ergeben sich die zwei Gleichungen:

$$1 - \operatorname{tg} \tfrac{1}{2} a \operatorname{tg} \tfrac{1}{2} b = \frac{2 \cos \tfrac{1}{2}(A + B)\cos \tfrac{1}{2} C}{\cos \tfrac{1}{2}(A + B - C)},$$

$$1 + \operatorname{tg} \tfrac{1}{2} a \operatorname{tg} \tfrac{1}{2} b = \frac{2 \sin \tfrac{1}{2} C \sin \tfrac{1}{2}(A + B)}{\cos \tfrac{1}{2}(A + B - C)}.$$

Zuzatz 6.

51. Addirt und subtrahirt man dagegen wieder je zwei jener Formeln, so entsteht z. B. die Gleichung:

$$\operatorname{tg}\tfrac{1}{2}a \pm \operatorname{tg}\tfrac{1}{2}b$$

$$= \frac{(\cos\tfrac{1}{2}(B+C-A) \pm \cos\tfrac{1}{2}(A+C-B)) \sqrt{-\cos\tfrac{1}{2}(A+B+C)}}{\sqrt{\cos\tfrac{1}{2}(A+B-C)\cos\tfrac{1}{2}(A+C-B)\cos\tfrac{1}{2}(B+C-A)}}.$$

Da nun $\operatorname{tg}\tfrac{1}{2}c = \sqrt{-\dfrac{\cos\tfrac{1}{2}(A+B+C)\cos\tfrac{1}{2}(A+B-C)}{\cos\tfrac{1}{2}(C+A-B)\cos\tfrac{1}{2}(C-A+B)}}$

ist, so geht die letzte Gleichung über in:

$$\operatorname{tg}\tfrac{1}{2}a \pm \operatorname{tg}\tfrac{1}{2}b = \frac{(\cos\tfrac{1}{2}(B+C-A) \pm \cos\tfrac{1}{2}(A+C-B))\tan\tfrac{1}{2}c}{\cos\tfrac{1}{2}(A+B-C)}.$$

Zusatz 7.

52. Hieraus erhält man durch Vereinigung der zwei Cos im Zähler die beiden Gleichungen:

$$\operatorname{tg}\tfrac{1}{2}a + \operatorname{tg}\tfrac{1}{2}b = \frac{2\cos\tfrac{1}{2}C\cos\tfrac{1}{2}(A-B)\tan\tfrac{1}{2}c}{\cos\tfrac{1}{2}(A+B-C)} \quad \text{und}$$

$$\operatorname{tg}\tfrac{1}{2}a - \operatorname{tg}\tfrac{1}{2}b = \frac{2\sin\tfrac{1}{2}(A-B)\sin\tfrac{1}{2}C\tan\tfrac{1}{2}c}{\cos\tfrac{1}{2}(A+B-C)}.$$

Zusatz 8.

53. Ganz ähnlich wie in § 43 ergeben sich hieraus die Formeln für die Tang der halben Summe zweier Seiten:

$$\operatorname{tg}\tfrac{1}{2}(a+b) = \frac{\cos\tfrac{1}{2}(A-B)}{\cos\tfrac{1}{2}(A+B)}\operatorname{tg}\tfrac{1}{2}c$$

$$\operatorname{tg}\tfrac{1}{2}(a+c) = \frac{\cos\tfrac{1}{2}(A-C)}{\cos\tfrac{1}{2}(A+C)}\operatorname{tg}\tfrac{1}{2}b$$

$$\operatorname{tg}\tfrac{1}{2}(b+c) = \frac{\cos\tfrac{1}{2}(B-C)}{\cos\tfrac{1}{2}(B+C)}\operatorname{tg}\tfrac{1}{2}a.$$

Zusatz 9.

54. Und ebenso für die **Tang** der halben Differenz zweier Seiten:

$$\operatorname{tg} \tfrac{1}{2}(a - b) = \frac{\sin \tfrac{1}{2}(A - B)}{\sin \tfrac{1}{2}(A + B)} \operatorname{tg} \tfrac{1}{2} c$$

$$\operatorname{tg} \tfrac{1}{2}(a - c) = \frac{\sin \tfrac{1}{2}(A - C)}{\sin \tfrac{1}{2}(A + C)} \operatorname{tg} \tfrac{1}{2} b$$

$$\operatorname{tg} \tfrac{1}{2}(b - c) = \frac{\sin \tfrac{1}{2}(B - C)}{\sin \tfrac{1}{2}(B + C)} \operatorname{tg} \tfrac{1}{2} a .$$

Die Formeln werden sich auch für die folgenden Aufgaben sehr nützlich zeigen.

Aufgabe VIII.

Fig. 4. 55. *In einem sphärischen Dreieck sind zwei Seiten und der von ihnen eingeschlossene Winkel gegeben; man soll die dritte Seite und die beiden andern Winkel bestimmen.*

Auflösung.

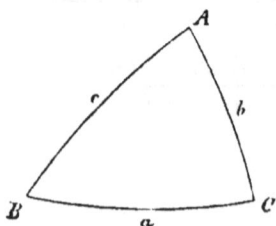

Fig. 4.

In dem Dreieck ABC seien die zwei Seiten $AB = c$, $AC = b$, sowie der zwischenliegende Winkel A gegeben; zu berechnen sind die Seite $BC = a$ und die Winkel B und C.

Die dritte Formel der Gruppe III in § 30 liefert unmittelbar a aus:

$$\cos a = \cos A \sin b \sin c + \cos b \cos c ;$$

ferner erhält man B aus der dritten Formel der Gruppe IV ebendaselbst mittels:

$$\operatorname{tg} B = \frac{\sin A \operatorname{tg} b}{\sin c - \operatorname{tg} b \cos c \cos A}$$

und demnach C nach Analogie aus:

$$\operatorname{tg} C = \frac{\sin A \operatorname{tg} c}{\sin b - \operatorname{tg} c \cos b \cos A} .$$

Die Ausdrücke für die Cotg der gesuchten Winkel sind etwas bequemer, so dass die folgenden drei Gleichungen die Auflösung unserer Aufgabe enthalten:

$$\cos a = \cos A \sin b \sin c + \cos b \cos c,$$

$$\operatorname{ctg} B = \frac{\sin c \operatorname{ctg} b - \cos c \cos A}{\sin A},$$

$$\operatorname{ctg} C = \frac{\sin b \operatorname{ctg} c - \cos b \cos A}{\sin A}.$$

Zusatz 1.

56. Da $\cos b \cos c = \frac{1}{2} \cos (b - c) + \frac{1}{2} \cos (b + c)$ und $\sin b \sin c = \frac{1}{2} \cos (b - c) - \frac{1}{2} \cos (b + c)$ ist, so kann der Cos der Seite a auch auf folgende Art ausgedrückt werden:

$$\cos a = \frac{1}{4} \cos(A - b + c) + \frac{1}{4} \cos(A + b - c) - \frac{1}{4} \cos(A - b - c)$$
$$- \frac{1}{4} \cos A + b + c) + \frac{1}{2} \cos(b - c) + \frac{1}{2} \cos(b + c).$$

Zusatz 2.

57. Für die logarithmische Rechnung ist übrigens diese Formel noch unbequemer als die ursprüngliche. Indessen kann man diese letztere zur Rechnung mit Logarithmen geeignet machen durch Einführung eines Winkels u mittels der Gleichung $\operatorname{tg} u = \dfrac{\cos A \sin b}{\cos b}$ oder $\operatorname{tg} u = \cos A \operatorname{tg} b$; mit Benutzung des so zu bestimmenden Winkels u wird:

$$\cos a = \operatorname{tg} u \cos b \sin c + \cos b \cos c = \frac{\cos b \cos(c - u)}{\cos u},$$

so dass nunmehr alles für die logarithmische Rechnung der Seite a sehr bequem ist.

Zusatz 3.

58. Derselbe Winkel u, zu bestimmen aus $\operatorname{tg} u = \cos A \operatorname{tg} b$, macht auch die Gleichung für den Winkel B zur Rechnung mit Logarithmen geeigneter; es wird

$$\operatorname{tang} B = \frac{\sin A \operatorname{tg} b}{\sin c - \operatorname{tg} u \cos c} = \frac{\sin A \operatorname{tg} b \cos u}{\sin (c - u)} = \frac{\operatorname{tg} A \sin u}{\sin (c - u)}.$$

Den dritten Winkel C wird man aus $\sin C = \dfrac{\sin A \sin c}{\sin a}$ bestimmen.

Zusatz 4.

59. Die bequemste Art der Berechnung der Winkel B und C folgt aber aus den Formeln in den §§ 43 und 44. Danach ist nämlich:

$$\operatorname{tg} \tfrac{1}{2} (B + C) = \frac{\cos \tfrac{1}{2} (b - c)}{\cos \tfrac{1}{2} (b + c)} \operatorname{ctg} \tfrac{1}{2} A$$

$$\operatorname{tg} \tfrac{1}{2} (B - C) = \frac{\sin \tfrac{1}{2} (b - c)}{\sin \tfrac{1}{2} (b + c)} \operatorname{ctg} \tfrac{1}{2} A .$$

Aus halber Summe und halber Differenz ergeben sich B und C unmittelbar; und man kann dann auch die dritte Seite a zuletzt berechnen nach

$$\sin a = \frac{\sin b}{\sin B} \sin A = \frac{\sin c}{\sin C} \sin A .$$

Aufgabe IX.

Fig. 4.   **60.** *In einem sphärischen Dreieck sind gegeben zwei Winkel und die zwischen ihnen liegende Seite; man soll den dritten Winkel und die beiden übrigen Seiten berechnen.*

Auflösung.

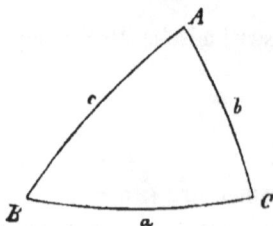

Fig. 4.

Es sei ABC das Dreieck, in dem die Winkel A und B und die Seite $AB = c$ bekannt sind; gesucht werden der dritte Winkel C und die Seiten $AC = b$ und $BC = a$. Aus der ersten Gleichung der Gruppe II in § 30 erhält man zunächst:

$$\cos C = \cos c \sin A \sin B - \cos A \cos B;$$

ferner liefert die dritte Gleichung der Gruppe IV:

$$\operatorname{tg} b = \frac{\sin c \operatorname{tg} B}{\sin A + \cos c \cos A \operatorname{tg} B} \quad \text{und nach Analogie wird}$$

$$\operatorname{tg} a = \frac{\sin c \operatorname{tg} A}{\sin B + \cos c \cos B \operatorname{tg} A}.$$

Es ergiebt sich damit also, wenn an Stelle der Tang der Seiten ihre Cotg genommen werden, die in den folgenden drei Gleichungen enthaltene Auflösung:

$$\cos C = \cos c \sin A \sin B - \cos A \cos B$$

$$\operatorname{ctg} a = \frac{\operatorname{ctg} A \sin B + \cos c \cos B}{\sin c}$$

$$\operatorname{ctg} b = \frac{\operatorname{ctg} B \sin A + \cos c \cos A}{\sin c}.$$

Zusatz 1.

61. Bequemer erhält man die zwei Seiten aus den für die logarithmische Rechnung sich besser eignenden Formeln der §§ 52 und 53:

$$\operatorname{tg} \tfrac{1}{2} (a + b) = \frac{\cos \tfrac{1}{2} (A - B)}{\cos \tfrac{1}{2} (A + B)} \operatorname{tg} \tfrac{1}{2} c$$

$$\operatorname{tg} \tfrac{1}{2} (a - b) = \frac{\sin \tfrac{1}{2} (A - B)}{\sin \tfrac{1}{2} (A + B)} \operatorname{tg} \tfrac{1}{2} c.$$

Zusatz 2.

62. Nach Bestimmung der Seiten a und b erhält man den Winkel C aus

$$\sin C = \frac{\sin A}{\sin a} \sin c = \frac{\sin B}{\sin b} \sin c;$$

auch liesse sich der $\cos C$ mit Hülfe der Cos von Combinationen der gegebenen Stücke ausdrücken durch:

$$\cos C = \tfrac{1}{4} \cos(c + A - B) + \tfrac{1}{4} \cos(c - A + B) - \tfrac{1}{4} \cos(c - A - B)$$
$$- \tfrac{1}{4} \cos(c + A + B) - \tfrac{1}{2} \cos(A - B) - \tfrac{1}{2} \cos(A + B).$$

3*

Aufgabe X.

Fig. 4. **63.** *In einem sphärischen Dreieck sind bekannt zwei Seiten und der Gegenwinkel der einen; oder zwei Winkel und die Gegenseite des einen. Man soll die übrigen Stücke des Dreiecks bestimmen.*

Auflösung.

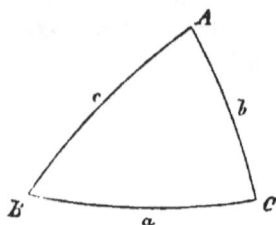

Fig. 4.

Im Dreieck ABC seien im ersten Fall gegeben die zwei Seiten $BC = a$ und $AC = b$, sowie der Winkel A, der Gegenwinkel von a. Es ergiebt sich dann sofort der Winkel B, der Gegenwinkel der zweiten gegebenen Seite, aus $\sin B = \dfrac{\sin A}{\sin a} \sin b$.

· Im zweiten Falle seien A und B die gegebenen Winkel, $BC = a$ die gegebene Seite; man erhält dann zunächst die Seite b aus $\sin b = \dfrac{\sin a}{\sin A} \sin B$.

Im einen und andern Fall kann man also als gegebene Stücke ansehen die zwei Seiten $BC = a$ und $AC = b$, sowie die ihnen gegenüberliegenden Winkel A und B; man hat aus diesen Stücken die Seite $AB = c$ und den Winkel C zu berechnen.

Die erste Formel der Gruppe IV liefert:

$$\sin a \operatorname{tg} C - \sin B \operatorname{tg} c = \cos a \cos B \operatorname{tg} C \operatorname{tg} c,$$

und also auch, mit Vertauschung der Seiten a und b und gleichzeitig der Winkel A und B:

$$\sin b \operatorname{tg} C - \sin A \operatorname{tg} c = \cos b \cos A \operatorname{tg} C \operatorname{tg} c.$$

Eliminirt man aus beiden Gleichungen das eine mal $\operatorname{tg} C$, das andere mal $\operatorname{tg} c$, so erhält man:

$$\operatorname{tg} c = \frac{\sin A \sin a - \sin B \sin b}{\sin A \cos B \cos a - \cos A \sin B \cos b} \quad \text{und}$$

$$\operatorname{tg} C = \frac{\sin A \sin a - \sin B \sin b}{\cos B \cos a \sin b - \cos A \sin a \cos b}.$$

Und diesen Gleichungen ist noch hinzuzufügen:

$$\sin A \sin b = \sin B \sin a.$$

Zusatz 1.

64. Aus $\sin A : \sin B = \sin a : \sin b$ folgt, dass die Gleichungen für $\operatorname{tg} c$ und $\operatorname{tg} C$ auch so geschrieben werden können:

$$\operatorname{tg} c = \frac{\sin^2 a - \sin^2 b}{\cos B \sin A \cos a - \cos A \sin b \cos b} \quad \text{und}$$

$$\operatorname{tg} C = \frac{\sin^2 A - \sin^2 B}{\sin B \cos B \cos a - \sin A \cos A \cos b}.$$

Zusatz 2.

65. Bequemere, besonders für die logarithmische Rechnung sich besser eignende Formeln erhält man aber auch hier wieder durch Benutzung der Gleichungen in den §§ 13, 14, 53 und 54, nämlich:

$$\operatorname{tg}\tfrac{1}{2}c = \frac{\cos\tfrac{1}{2}(A+B)}{\cos\tfrac{1}{2}(A-B)} \operatorname{tg}\tfrac{1}{2}(a+b) = \frac{\sin\tfrac{1}{2}(A+B)}{\sin\tfrac{1}{2}(A-B)} \operatorname{tg}\tfrac{1}{2}(a-b),$$

$$\operatorname{tg}\tfrac{1}{2}C = \frac{\cos\tfrac{1}{2}(a-b)}{\cos\tfrac{1}{2}(a+b)} \operatorname{ctg}\tfrac{1}{2}(A+B) = \frac{\sin\tfrac{1}{2}(a-b)}{\sin\tfrac{1}{2}(a+b)} \operatorname{ctg}\tfrac{1}{2}(A-B).$$

Aufgabe XI.

66. *Die Oberfläche eines beliebigen sphärischen Drei-* Fig. 3. *ecks zu bestimmen.*

Auflösung.

Es sei EOM das gegebene Dreieck und es werden, wie oben in § 17, die Seite OE mit a, der Winkel OEM mit α, der Winkel EOM mit y, die Seite OM mit x und der Winkel OME mit φ bezeichnet. Das unendlich schmale Dreieck MOm ist das Differential der gesuchten Dreiecksfläche; und da $mn = dx$ und $Mn = dy \cdot \sin x$ ist, so wird das Diffe-

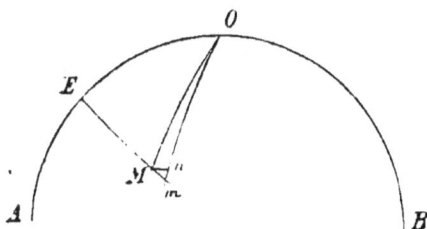

Fig. 3.

rential von MOm durch das Product $dy \cdot dx \cdot \sin x$ ausgedrückt, so dass

$$MOm = dy \int dx \sin x = dy (1 - \cos x) \qquad \text{ist}$$

und demnach die gesuchte Dreiecksfläche aus

$$EOM = y - \int dy \cos x \qquad \text{sich ergiebt.}$$

Da nun oben gefunden worden ist

$$dy = \frac{C\,dx}{\sin x \, V\overline{\sin^2 x - C'^2}},$$

so geht der letzte Ausdruck über in:

$$\text{Fläche } EOM = y - \int \frac{C\,dx \cos x}{\sin x \, V\overline{\sin^2 x - C'^2}}.$$

Ferner ist, wegen $C = \sin a \sin \alpha$, $\sin \varphi = \dfrac{C}{\sin x}$, und

$\cos \varphi = \dfrac{V\overline{\sin^2 x - C'^2}}{\sin x}$ gefunden worden; es ist demnach:

$$d\varphi \cos \varphi = -dx \frac{\cos x}{\sin^2 x}, \quad \text{also} \quad d\varphi = -\frac{C\,dx \cos x}{\sin x \, V\overline{\sin^2 x - C'^2}} \quad \text{und}$$

$$-\int \frac{C\,dx \cos x}{\sin x \, V\overline{\sin^2 x - C'^2}} = \varphi + \text{Const.}$$

Für die Oberfläche des Dreiecks EOM erhält man damit:

$$EOM = y + \varphi + \text{Const.} = \alpha + y + \varphi - \text{Const.}$$

Um den Werth der Const. zu bestimmen, sei $y = 0$, womit $\varphi = 180^\circ - \alpha$ wird; die mit dieser Annahme verschwindende Dreiecksfläche wird also $= 180^\circ - \text{Const.}$, d. h. die Const. ist $= 180^\circ$. Die Oberfläche des Dreiecks EOM ergiebt sich demnach $= \alpha + y + \varphi - 180^\circ$.

Zusatz 1.

67. Um die Oberfläche eines beliebigen sphärischen Dreiecks zu finden, hat man also, wenn der Halbmesser der Kugel die Längeneinheit ist, nur den Ueberschuss der Summe der drei Winkel des Dreiecks über zwei Rechte zu bilden. Auf einer Kugelfläche von beliebigem Halbmesser ist der gesuchte Flächeninhalt eines sphärischen Dreiecks das Product aus dem Kugelhalbmesser und einem Grosskreisbogen, der das Maass des oben genannten Ueberschusses darstellt, d. h. den Ueberschuss zum Centriwinkel hat.

Zusatz 2.

68. Je grösser demnach ein sphärisches Dreieck im Verhältniss zur Kugeloberfläche ist, der es angehört, um so mehr überschreitet die Summe seiner drei Winkel den Betrag von zwei Rechten; wenn das Dreieck gerade den achten Theil der Kugeloberfläche einnimmt, so ist dieser Ueberschuss genau ein Rechter. Die Länge eines Grosskreisbogens von 90°, mit dem Kugelhalbmesser multiplicirt, giebt nämlich die Hälfte der Fläche eines Grosskreises, d. h. den achten Theil der Kugeloberfläche. Man kann also die Regel für den Flächeninhalt eines beliebigen sphärischen Dreiecks auch so aussprechen: Wie der Betrag von acht rechten Winkeln oder 720° sich verhält zum Ueberschuss der Summe der drei Winkel des Dreiecks über zwei Rechte oder 180°, so verhält sich die Oberfläche der ganzen Kugel zur Oberfläche des zu bestimmenden Dreiecks.

II.

Allgemeine sphärische Trigonometrie

in kurzer und durchsichtiger Entwicklung, von den
einfachsten Voraussetzungen ausgehend.

Von

L. Euler.

§ 1. In einem beliebigen sphärischen Dreieck, vgl. Fig. 1, seien die Winkel mit den grossen Buchstaben A, B, C, die Seiten mit den kleinen Buchstaben a, b, c bezeichnet, derart, dass dem Winkel A die Seite a u. s. w. gegenüberliegt. Verbindet man den Mittelpunkt O der Kugel mit den Eckpunkten des Dreiecks durch die Geraden OA, OB, OC, so bilden diese in O ein Dreikant, in dem die Winkel zwischen je zwei der genannten Geraden mit den Seiten a, b, c und die Neigungswinkel zwischen je zwei Seitenflächen mit den Winkeln A, B, C des sphärischen Dreiecks übereinstimmen.

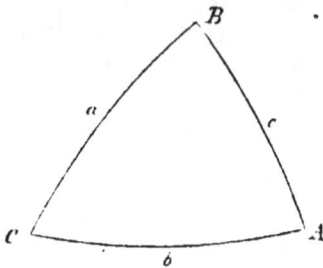

Fig. 1.

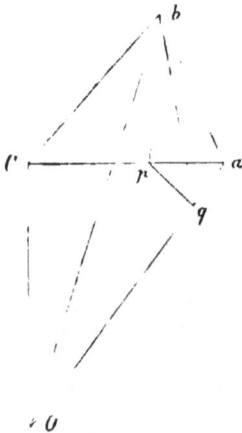

Fig. 2.

§ 2. Der Halbmesser OC der Kugel sei gleich 1. In den Ebenen COa und COb (Fig. 2) werden in C auf OC die Lothe Ca und Cb errichtet; ferner wird von b auf Ca das Loth bp, das auf der Ebene COa senkrecht steht, und von p auf Oa das Loth pq gefällt, endlich die Gerade bq gezogen, die Oa rechtwinklig trifft. Damit ist die ganze erforderliche Figur construirt.

§ 3. Der Winkel COa ist die Seite b, somit ist

$$Ca = \operatorname{tg} b \quad \text{und} \quad Oa = \sec b = \frac{1}{\cos b} ;$$

ebenso ist, da der Winkel COb die Seite a vorstellt:

$$Cb = \operatorname{tg} a \quad \text{und} \quad Ob = \sec a = \frac{1}{\cos a} .$$

Ferner wird, da $aOb = c$, und, wie eben angeschrieben, $Ob = \frac{1}{\cos a}$ ist,

$$bq = \frac{\sin c}{\cos a} \quad \text{und} \quad Oq = \frac{\cos c}{\cos a} .$$

Um die übrigen Strecken der Figur vollends auszudrücken, hat man, da der Winkel $aCb = C$, also

$$bp = Cb \cdot \sin C = \operatorname{tg} a \sin C \quad \text{und}$$
$$Cp = Cb \cdot \cos C = \operatorname{tg} a \cos C , \quad \text{endlich der Winkel}$$

$CaO = 90^\circ - b$ ist:

$$ap = Ca - Cp = \operatorname{tg} b - \operatorname{tg} a \cos C ,$$
$$pq = ap \cdot \cos b = \sin b - \operatorname{tg} a \cos b \cos C \quad \text{und}$$
$$aq = ap \cdot \sin b = \frac{\sin^2 b}{\cos b} - \operatorname{tg} a \sin b \cos C .$$

Da oben $Oq = \frac{\cos c}{\cos a}$ gefunden worden ist, so hat man nun

$$Oa = Oq + aq = \frac{1}{\cos b} = \frac{\cos c}{\cos a} + \frac{\sin^2 b}{\cos b} - \operatorname{tg} a \sin b \cos C \quad \text{oder}$$

$$\frac{\cos c}{\cos a} = \cos b + \operatorname{tg} a \sin b \cos C \quad \text{oder endlich}$$

$$\cos c = \cos a \cos b + \sin a \sin b \cos C .$$

§ 4. Da der Winkel bqp den Neigungswinkel zwischen den Ebenen aOb und aOC vorstellt, d. h. $= A$ ist, so erhält man aus dem Dreieck bpq zunächst

$$\sin A = \frac{bp}{bq} = \frac{\sin a \sin C}{\sin c} \quad \text{oder}$$

$$\frac{\sin C}{\sin c} = \frac{\sin A}{\sin a} ,$$

d. h. die Sinus der Winkel in unserem sphärischen Dreieck verhalten sich wie die Sinus der ihnen gegenüberliegenden Seiten.

Endlich erhält man aus demselben Dreieck:

$$\frac{pq}{bq} = \cos A = \frac{\cos a \sin b - \sin a \cos b \cos C}{\sin c}.$$

Die drei durch Unterstreichen hervorgehobenen Gleichungen umfassen die ganze Sphärik, aus ihnen sind alle andern Beziehungen zu entwickeln.

Folgerungen aus der Formel $\dfrac{\sin C}{\sin c} = \dfrac{\sin A}{\sin a}$.

§ 5. Da die die Winkel bezeichnenden Buchstaben A, B, C sowohl als die die Seiten, bezeichnenden a, b, c unter sich beliebig vertauscht werden dürfen, wenn nur festgehalten wird, dass A der Gegenwinkel der Seite a u. s. f. ist, so ist auch $\dfrac{\sin C}{\sin c} = \dfrac{\sin B}{\sin b}$, so dass man die in dem obigen Satz liegenden Beziehungen vollständig ausdrücken kann durch die Gleichungen

$$\frac{\sin A}{\sin a} = \frac{\sin B}{\sin b} = \frac{\sin C}{\sin c} \quad \text{oder auch}$$

durch die drei Gleichungen:

$$\sin A \sin b = \sin B \sin a$$
$$\sin B \sin c = \sin C \sin b$$
$$\sin C \sin a = \sin A \sin c.$$

Benutzung der Formel

$$\cos A \sin c = \cos a \sin b - \sin a \cos b \cos C.$$

§ 6. Dividirt man, um c herauszuschaffen, die linke Seite dieser Gleichung mit $\sin A \sin c$, die rechte mit dem gemäss dem Satz in dem letzten Paragraphen damit gleichen Werth $\sin C \sin a$, so wird:

$$\operatorname{ctg} A = \frac{\cos a \sin b - \sin a \cos b \cos C}{\sin a \sin C},$$

und diese Gleichung liefert einen Winkel A ausgedrückt in den zwei Seiten a und b (von denen die eine die Gegenseite jenes Winkels ist) und dem von beiden eingeschlossenen Winkel C. Durch entsprechende Vertauschung der Buchstaben erhält man die analoge Formel für den zweiten Winkel B:

$$\operatorname{ctg} B = \frac{\cos b \sin a - \sin b \cos a \cos C}{\sin b \sin C}.$$

§ 7. Wenn man anderseits die drei Glieder, aus denen sich die in der Ueberschrift stehende Gleichung zusammensetzt, der Reihe nach mit den einander gleichen Werthen $\dfrac{\sin C}{\sin c}$, $\dfrac{\sin B}{\sin b}$, $\dfrac{\sin A}{\sin a}$ multiplicirt, so entsteht die Gleichung:

$$\cos A \sin C = \cos a \sin B - \cos b \sin A \cos C \quad \text{oder}$$

$$\cos a = \frac{\cos A \sin C + \sin A \cos C \cos b}{\sin B}$$

und, durch Vertauschung von B mit C und gleichzeitig von b mit c:

$$\cos a = \frac{\cos A \sin B + \sin A \cos B \cos c}{\sin C} \quad \text{oder}$$

$$\cos a \sin C = \cos A \sin B + \sin A \cos B \cos c\,;$$

diese Gleichung weicht von der Ausgangsformel nur darin ab, dass grosse Buchstaben an Stelle der kleinen und umgekehrt stehen, während zugleich alle in jener vorkommenden Cos negativ zu nehmen sind.

§ 8. Dividirt man in der zuletzt erhaltenen Gleichung die linke Seite durch $\sin a \sin C$, die rechte durch das damit gleiche $\sin A \sin c$, so entsteht die Gleichung:

$$\operatorname{ctg} a = \frac{\cos A \sin B + \sin A \cos B \cos c}{\sin A \sin c},$$

mit deren Hülfe man die Seite a finden kann, wenn die zwei Winkel A, B (von denen der eine der Gegenwinkel jener Seite ist) und die zwischen beiden liegende Seite c gegeben sind. Die entsprechende Gleichung für b lautet:

$$\operatorname{ctg} b = \frac{\cos B \sin A + \sin B \cos A \cos c}{\sin B \sin c}.$$

§ 9. Selbst der Fall, dass aus den drei gegebenen Winkeln die Seiten gesucht werden, lässt sich leicht von der an der Spitze dieses Abschnitts stehenden Formel ausgehend behandeln. Diese Gleichung

$$\cos A \sin c = \cos a \sin b - \sin a \cos b \cos C$$

liefert durch Vertauschung von A und B

$$\cos B \sin c = \cos b \sin a - \sin b \cos a \cos C;$$

wenn die zweite Gleichung, nach Durchmultiplication mit $\cos C$, zur ersten addirt wird, so erhält man:

$$\sin c \, (\cos A + \cos B \cos C) = \cos a \sin b \sin^2 C, \qquad \text{oder da}$$
$$\sin b \sin C = \sin B \sin c \quad \text{ist:}$$
$$\cos A + \cos B \cos C = \cos a \sin B \sin C \quad \text{oder endlich}$$
$$\cos A = -\cos B \cos C + \sin B \sin C \cos a.$$

Vertauscht man A und C, während B an seiner Stelle bleibt, so wird ferner noch:

$$\cos C = -\cos B \cos A + \sin B \sin A \cos c$$

und dies sind die gesuchten Gleichungen. Die letzte folgt auch wieder aus der dritten Hauptformel:

$$\cos c = \cos a \cos b + \sin a \sin b \cos C,$$

wenn man in dieser die grossen und kleinen Buchstaben vertauscht und alle Cos negativ nimmt.

Benutzung der Formel:
$$\cos c = \cos a \cos b + \sin a \sin b \cos C.$$

§ 10. Diese Formel lässt unmittelbar einen doppelten Gebrauch zu; in dem Falle nämlich, dass aus den drei gegebenen Seiten a, b, c die Winkel aufzusuchen sind, hat man:

$$\cos C = \frac{\cos c - \cos a \cos b}{\sin a \sin b};$$

wenn man dagegen aus zwei Seiten a, b und dem zwischenliegenden Winkel C die dritte Seite zu bestimmen hat, so wendet man die Gleichung in ihrer ursprünglichen Form an:

$$\cos c = \cos a \cos b + \sin a \sin b \cos C.$$

§ 11. Um auch die entsprechenden beiden reciproken Aufgaben, mit Winkeln statt Seiten und umgekehrt, zu erledigen, steht die schon oben entwickelte Gleichung

$$\cos C = - \cos A \cos B + \sin A \sin B \cos c$$

zu Gebot; sie ist unmittelbar in dieser Form anzuwenden, wenn aus zwei gegebenen Winkeln A und B und der zwischenliegenden Seite c der dritte, dieser Seite gegenüberliegende Winkel C zu bestimmen ist. Sind dagegen die drei Winkel des sphärischen Dreiecks gegeben, so bestimmt man z. B. die Seite c durch dieselbe Gleichung in der Form

$$\cos c = \frac{\cos C + \cos A \cos B}{\sin A \sin B}.$$

§ 12. Die ganze sphärische Trigonometrie stützt sich auf die oben aufgestellten drei Gleichungen, und in ihnen zeigt sich überall die gleichzeitige Ersetzung jeder Seite durch den gleichnamigen Winkel und umgekehrt statthaft, wenn man nur alle vorkommenden Cos negativ nimmt. In der ersten jener Formeln, die keinen Cos enthält:

$$\frac{\sin C}{\sin c} = \frac{\sin B}{\sin b} = \frac{\sin A}{\sin a}$$

ist die Zulässigkeit dieser Vertauschung an sich einleuchtend; aber auch die zwei andern Formeln zeigen nach dem Vorstehenden unmittelbar die Möglichkeit der gleichzeitigen und vollständigen Ersetzung der Seiten durch die gleichnamigen Winkel und umgekehrt, wobei die angegebene Bemerkung über die Cos zu beachten ist, und man hat demnach folgenden

Satz.

Wenn die Winkel eines beliebigen sphärischen Dreiecks mit A, B, C und die Seiten mit a, b, c bezeichnet werden, so giebt es stets ein anderes sphärisches Dreieck, dessen Winkel die Seiten a, b, c jenes gegebenen Dreiecks zu zwei Rechten ergänzen, während seine Seiten die Winkel A, B, C des gegebenen Dreiecks zu zwei Rechten ergänzen.

Bei der Ableitung irgend eines neuen Satzes über das sphärische Dreieck aus einem an dem ursprünglichen Dreieck erkannten mit Benutzung dieses Hülfsdreiecks behalten die in diesem Satz vorkommenden Sin ihr Vorzeichen, während die Cos, und ebenso die Tang und Cotg, das Zeichen wechseln. Mit Hülfe der Pole der drei Seiten des gegebenen Dreiecks lässt sich dieses »Polardreieck« unmittelbar geometrisch nachweisen.

§ 13. Man kann demnach alle für die Auflösung der sphärischen Dreiecke erforderlichen Gleichungen in vier Formeln ausdrücken, von denen übrigens je zwei unter einander derart zusammenhängen, dass die eine aus der andern entsteht, wenn in ihr die grossen durch dieselben kleinen Buchstaben und umgekehrt ersetzt werden, wobei alle vorkommenden Cos negativ zu nehmen sind; man braucht also nur zwei von diesen vier Formeln zu merken. Diese vier Gleichungen, mit den durch cyklische Vertauschung der Stücke entstehenden, sind die folgenden:

Erste Formel.

§ 14. Sie ist in zwei Fällen zu gebrauchen, wenn entweder aus den drei gegebenen Seiten irgend ein Winkel des Dreiecks gefunden werden soll, oder wenn aus zwei Seiten und dem von beiden eingeschlossenen Winkel die dritte Seite zu bestimmen ist:

$$\cos A = \frac{\cos a - \cos b \cos c}{\sin b \sin c} \qquad \cos a = \cos b \cos c + \sin b \sin c \cos A$$

$$\cos B = \frac{\cos b - \cos c \cos a}{\sin c \sin a} \qquad \cos b = \cos c \cos a + \sin c \sin a \cos B$$

$$\cos C = \frac{\cos c - \cos a \cos b}{\sin a \sin b} \qquad \cos c = \cos a \cos b + \sin a \sin b \cos C.$$

Zweite Formel.

§ 15. Sie ist analog in den beiden Fällen anzuwenden, dass entweder aus den drei gegebenen Winkeln irgend eine Seite des Dreiecks gefunden werden soll, oder dass aus zwei Winkeln und der zwischenliegenden Seite der dritte Winkel zu bestimmen ist:

$$\cos a = \frac{\cos A + \cos B \cos C}{\sin B \sin C}$$

$$\cos A = -\cos B \cos C + \sin B \sin C \cos a$$

$$\cos b = \frac{\cos B + \cos C \cos A}{\sin C \sin A}$$

$$\cos B = -\cos C \cos A + \sin C \sin A \cos b$$

$$\cos c = \frac{\cos C + \cos A \cos B}{\sin A \sin B}$$

$$\cos C = -\cos A \cos B + \sin A \sin B \cos c.$$

Dritte Formel.

§ 16. Diese Formel betrifft den Fall, dass aus zwei Seiten und dem eingeschlossenen Winkel die beiden andern Winkel zu ermitteln sind:

$$\operatorname{ctg} A = \frac{\cos a \sin b - \sin a \cos b \cos C}{\sin a \sin C}$$

$$\operatorname{ctg} B = \frac{\sin a \cos b - \cos a \sin b \cos C}{\sin b \sin C}$$

$$\operatorname{ctg} B = \frac{\cos b \sin c - \sin b \cos c \cos A}{\sin b \sin A}$$

$$\operatorname{ctg} C = \frac{\sin b \cos c - \cos b \sin c \cos A}{\sin c \sin A}$$

$$\operatorname{ctg} C = \frac{\cos c \sin a - \sin c \cos a \cos B}{\sin c \sin B}$$

$$\operatorname{ctg} A = \frac{\sin c \cos a - \cos c \sin a \cos B}{\sin a \sin B}.$$

Vierte Formel.

§ 17. Sie bezieht sich endlich auf den Fall, dass aus zwei Winkeln und der zwischenliegenden Seite die beiden andern Seiten gefunden werden sollen; mit den erforderlichen Buchstabenvertauschungen erhält man die Formelgruppen:

$$\operatorname{tg} a = \frac{\cos A \sin B + \sin A \cos B \cos c}{\sin A \sin c}$$

$$\operatorname{ctg} b = \frac{\sin A \cos B + \cos A \sin B \cos c}{\sin B \sin c}$$

$$\operatorname{tg} b = \frac{\cos B \sin C + \sin B \cos C \cos a}{\sin B \sin a}$$

$$\operatorname{ctg} c = \frac{\sin B \cos C + \cos B \sin C \cos a}{\sin C \sin a}$$

$$\operatorname{tg} c = \frac{\cos C \sin A + \sin C \cos A \cos b}{\sin C \sin b}$$

$$\operatorname{ctg} a = \frac{\sin C \cos A + \cos C \sin A \cos b}{\sin A \sin b}.$$

§ 18. Wegen ihrer Einfachheit und häufigen Anwendung erwähnenswerth sind hier noch die sechs Formeln, die die Auflösung der sämmtlichen möglichen Fälle des rechtwinkligen sphärischen Dreiecks geben. Wenn der Winkel C ein rechter ist, so dass also c die Hypotenuse des Dreiecks bezeichnet, während a und b die Katheten sind, so erhält man aus den bisher entwickelten Formeln, mit $\cos C = 0$ und $\sin C = 1$, unmittelbar die sechs folgenden:

$$\cos c = \cos a \cos b$$
$$\cos c = \operatorname{ctg} A \operatorname{ctg} B$$

$$\sin a = \sin c \sin A \quad \text{und} \quad \sin b = \sin c \sin B$$
$$\operatorname{tg} b = \operatorname{tg} c \cos A \quad \text{»} \quad \operatorname{tg} a = \operatorname{tg} c \cos B$$
$$\operatorname{tg} a = \operatorname{tg} A \sin b \quad \text{»} \quad \operatorname{tg} b = \operatorname{tg} B \sin a$$
$$\cos A = \cos a \sin B \quad \text{»} \quad \cos B = \cos b \sin A .$$

§ 19. Wenn man, wie gewöhnlich, logarithmisch rechnen will, so hat man aus den Formeln der frühern Paragraphen andre, in Productform übergeführte abzuleiten, was durch gewisse Umformungen, die auf die halben Winkel und halben Seiten führen, leicht möglich ist, wie die folgenden Paragraphen zeigen.

Erste Umformung.

§ 20. Aus der ersten Formel

$$\cos A = \frac{\cos a - \cos b \cos c}{\sin b \sin c} \qquad \text{erhält man}$$

unmittelbar:

$$1 - \cos A = \frac{\cos (b - c) - \cos a}{\sin b \sin c}$$

$$1 + \cos A = \frac{\cos a - \cos (b + c)}{\sin b \sin c} ;$$

da nun $\dfrac{1 - \cos A}{1 + \cos A} = \operatorname{tg}^2 \tfrac{1}{2} A$ ist, so wird also:

$$\operatorname{tg}^2 \tfrac{1}{2} A = \frac{\cos (b - c) - \cos a}{\cos a - \cos (b + c)} .$$

Erinnert man sich ferner, dass

$$\cos p - \cos q = 2 \sin \frac{q - p}{2} \sin \frac{p + q}{2} \text{ ist, so erhält man:}$$

$$\operatorname{tg} \tfrac{1}{2} A = \sqrt{\frac{\sin \dfrac{a - b + c}{2} \sin \dfrac{a + b - c}{2}}{\sin \dfrac{-a + b + c}{2} \sin \dfrac{a + b + c}{2}}} .$$

Zweite Umformung.

§ 21. Ganz ebenso ist aus der Gleichung

$$\cos a = \frac{\cos A + \cos B \cos C}{\sin B \sin C} \qquad \text{abzuleiten:}$$

$$1 - \cos a = \frac{-\cos(B + C) - \cos A}{\sin B \sin C} \cdot$$

$$1 + \cos a = \frac{\cos A + \cos(B - C)}{\sin B \sin C} \;;$$

durch Division der beiden letzten Gleichungen wird wieder:

$$\operatorname{tg}^2 \tfrac{1}{2} a = - \frac{\cos(B + C) + \cos A}{\cos(B - C) + \cos A},$$

und da endlich $\cos p + \cos q = 2 \cos \dfrac{p - q}{2} \cos \dfrac{p + q}{2}$ ist,
so erhält man:

$$\operatorname{tg} \tfrac{1}{2} a = \sqrt{ - \frac{\cos \dfrac{B + C - A}{2} \cos \dfrac{B + C + A}{2}}{\cos \dfrac{B - C + A}{2} \cos \dfrac{-B + C + A}{2}}} \cdot$$

Dritte Umformung.

§ 22. Durch Division der beiden Formen der ersten Gleichung

$$\cos a - \cos b \cos c = \sin b \sin c \cos A$$
$$\cos b - \cos a \cos c = \sin a \sin c \cos B$$

erhält man:

$$\frac{\cos a - \cos b \cos c}{\cos b - \cos a \cos c} = \frac{\sin b \cos A}{\sin a \cos B} = \frac{\sin B \cos A}{\sin A \cos B} \cdot$$

Addirt man in dieser Gleichung auf beiden Seiten 1, so erhält man:

$$(\cos a + \cos b)(1 - \cos c) = \frac{\sin(A + B)}{\sin A \cos B},$$

zieht man dagegen auf beiden Seiten 1 ab, so ergiebt sich:

$$(\cos a - \cos b)(1 + \cos c) = \frac{\sin(B - A)}{\sin A \cos B};$$

und aus den letzten zwei Gleichungen wird durch Division:

$$\frac{\cos a - \cos b}{\cos a + \cos b}\, \text{ctg}^2\, \frac{c}{2} = \frac{\sin(B - A)}{\sin(B + A)}.$$

Da nun $\dfrac{\cos p - \cos q}{\cos p + \cos q} = \text{tg}\,\dfrac{q + p}{2}\, \text{tg}\,\dfrac{q - p}{2}$ ist, so liefert die letzte Gleichung

$$\text{tg}\,\frac{b - a}{2}\, \text{tg}\,\frac{b + a}{2}\, \text{ctg}^2\, \frac{c}{2} = \frac{\sin(B - A)}{\sin(B + A)}.$$

§ 23. Nimmt man anderseits den Sinus-Satz:

$$\frac{\sin b}{\sin a} = \frac{\sin B}{\sin A}$$

zu Hülfe, so ergiebt sich aus ihm unmittelbar

$$\frac{\sin b - \sin a}{\sin b + \sin a} = \frac{\sin B - \sin A}{\sin B + \sin A} \quad \text{oder}$$

$$\text{tg}\,\frac{b - a}{2}\, \text{ctg}\,\frac{b + a}{2} = \text{tg}\,\frac{B - A}{2}\, \text{ctg}\,\frac{B + A}{2}.$$

Multiplicirt man mit dieser Gleichung die am Schluss des letzten Paragraphen gefundene, so erhält man:

$$\left(\text{tg}\,\frac{b - a}{2}\right)^2 \text{ctg}^2\, \tfrac{1}{2}\, c = \frac{\left(\sin\dfrac{B - A}{2}\right)^2}{\left(\sin\dfrac{B + A}{2}\right)^2} \quad \text{oder nach Ausziehung}$$

der Wurzel:

$$\text{tg}\,\frac{b - a}{2}\, \text{ctg}\, \tfrac{1}{2}\, c = \frac{\sin\dfrac{B - A}{2}}{\sin\dfrac{B + A}{2}};$$

dividirt man dagegen die zwei genannten Gleichungen, so wird

$$\text{tg}\,\frac{b + a}{2}\, \text{ctg}\, \tfrac{1}{2}\, c = \frac{\cos\dfrac{B - A}{2}}{\cos\dfrac{B + A}{2}}.$$

Diese Formeln ermöglichen die Lösung des Falls, in dem aus den gegebenen zwei Winkeln A und B und der zwischenliegenden Seite c die beiden andern Seiten a und b zu bestimmen sind, indem man jene Gleichungen in der Form benutzt:

$$\operatorname{tg} \frac{b-a}{2} = \operatorname{tg} \tfrac{1}{2} c \; \frac{\sin \dfrac{B-A}{2}}{\sin \dfrac{B+A}{2}}$$

$$\operatorname{tg} \frac{b+a}{2} = \operatorname{tg} \tfrac{1}{2} c \; \frac{\cos \dfrac{B-A}{2}}{\cos \dfrac{B+A}{2}} .$$

Vierte Umformung.

§ 24. Auf demselben Weg erhält man aus den zwei Gleichungen

$$\cos A + \cos B \cos C = \sin B \sin C \cos a$$
$$\cos B + \cos A \cos C = \sin A \sin C \cos b$$

zunächst durch Division beider:

$$\frac{\cos A + \cos B \cos C}{\cos B + \cos A \cos C} = \frac{\sin B \cos a}{\sin A \cos b} = \frac{\sin b \cos a}{\sin a \cos b} ;$$

indem man auf beiden Seiten je die Einheit addirt und subtrahirt, ergeben sich hieraus die zwei Gleichungen:

$$(\cos A + \cos B)(1 + \cos C) = \frac{\sin (a+b)}{\sin a \cos b} \quad \text{und}$$

$$(\cos A - \cos B)(1 - \cos C) = \frac{\sin (b-a)}{\sin a \cos b}, \quad \text{und die}$$

Division dieser Gleichung giebt:

$$\frac{\cos A + \cos B}{\cos A - \cos B} \cdot \operatorname{ctg}^2 \tfrac{1}{2} C = \frac{\sin (b+a)}{\sin (b-a)} \quad \text{oder}$$

$$\operatorname{tg} \frac{B-A}{2} \operatorname{tg} \frac{B+A}{2} = \operatorname{ctg}^2 \tfrac{1}{2} C \frac{\sin (b-a)}{\sin (b+a)} .$$

Multiplicirt und dividirt man diese Gleichung mit der am Beginn des letzten Paragraphen entwickelten

$$\operatorname{tg} \frac{B-A}{2} \operatorname{ctg} \frac{B+A}{2} = \operatorname{tg} \frac{b-a}{2} \operatorname{ctg} \frac{b+a}{2},$$

4*

so erhält man die zwei Gleichungen:

$$\operatorname{tg}\frac{B-A}{2} = \operatorname{ctg}\tfrac{1}{2}C \cdot \frac{\sin\frac{b-a}{2}}{\sin\frac{b+a}{2}} \qquad \text{und}$$

$$\operatorname{tg}\frac{B+A}{2} = \operatorname{ctg}\tfrac{1}{2}C \cdot \frac{\cos\frac{b-a}{2}}{\cos\frac{b+a}{2}},$$

die für den Fall, dass zwei Seiten und der zwischenliegende Winkel gegeben sind, sich brauchbar zeigen.

§ 25. Wenn man die in den vorhergehenden Paragraphen entwickelten Formeln allen Buchstabenvertauschungen unterwirft, so erhält man für die ersten vier Fälle der Berechnung der sphärischen Dreiecke die folgenden Zusammenstellungen:

I.

$$\operatorname{tg}\tfrac{1}{2}A = \sqrt{\frac{\sin\frac{a+b-c}{2}\sin\frac{a+c-b}{2}}{\sin\frac{b+c-a}{2}\sin\frac{a+b+c}{2}}}$$

$$\operatorname{tg}\tfrac{1}{2}B = \sqrt{\frac{\sin\frac{b+c-a}{2}\sin\frac{a+b-c}{2}}{\sin\frac{a+c-b}{2}\sin\frac{a+b+c}{2}}}$$

$$\operatorname{tg}\tfrac{1}{2}C = \sqrt{\frac{\sin\frac{a+c-b}{2}\sin\frac{b+c-a}{2}}{\sin\frac{a+b-c}{2}\sin\frac{a+b+c}{2}}}$$

II.

$$\operatorname{tg}\tfrac{1}{2}a = \sqrt{-\frac{\cos\frac{B+C-A}{2}\cos\frac{A+B+C}{2}}{\cos\frac{A+B-C}{2}\cos\frac{A+C-B}{2}}}$$

$$\operatorname{tg}\tfrac{1}{2}b = \sqrt{-\frac{\cos\frac{A+C-B}{2}\cos\frac{A+B+C}{2}}{\cos\frac{B+C-A}{2}\cos\frac{A+B-C}{2}}}$$

$$\operatorname{tg}\tfrac{1}{2}c = \sqrt{-\frac{\cos\frac{A+B-C}{2}\cos\frac{A+B+C}{2}}{\cos\frac{A+C-B}{2}\cos\frac{B+C-A}{2}}}$$

$$\text{III.} \quad \operatorname{tg}\frac{b-a}{2} = \operatorname{tg}\tfrac{1}{2}c\;\frac{\sin\dfrac{B-A}{2}}{\sin\dfrac{B+A}{2}} \qquad \operatorname{tg}\frac{b+a}{2} = \operatorname{tg}\tfrac{1}{2}c\;\frac{\cos\dfrac{B-A}{2}}{\cos\dfrac{B+A}{2}}$$

$$\operatorname{tg}\frac{c-b}{2} = \operatorname{tg}\tfrac{1}{2}a\;\frac{\sin\dfrac{C-B}{2}}{\sin\dfrac{C+B}{2}} \qquad \operatorname{tg}\frac{c+b}{2} = \operatorname{tg}\tfrac{1}{2}a\;\frac{\cos\dfrac{C-B}{2}}{\cos\dfrac{C+B}{2}}$$

$$\operatorname{tg}\frac{a-c}{2} = \operatorname{tg}\tfrac{1}{2}b\;\frac{\sin\dfrac{A-C}{2}}{\sin\dfrac{A+C}{2}} \qquad \operatorname{tg}\frac{a+c}{2} = \operatorname{tg}\tfrac{1}{2}b\;\frac{\cos\dfrac{A-C}{2}}{\cos\dfrac{A+C}{2}}.$$

$$\text{IV.} \quad \operatorname{tg}\frac{B-A}{2} = \operatorname{ctg}\tfrac{1}{2}C\;\frac{\sin\dfrac{b-a}{2}}{\sin\dfrac{b+a}{2}} \qquad \operatorname{tg}\frac{B+A}{2} = \operatorname{ctg}\tfrac{1}{2}C\;\frac{\cos\dfrac{b-a}{2}}{\cos\dfrac{b+a}{2}}$$

$$\operatorname{tg}\frac{C-B}{2} = \operatorname{ctg}\tfrac{1}{2}A\;\frac{\sin\dfrac{c-b}{2}}{\sin\dfrac{c+b}{2}} \qquad \operatorname{tg}\frac{C+B}{2} = \operatorname{ctg}\tfrac{1}{2}A\;\frac{\cos\dfrac{c-b}{2}}{\cos\dfrac{c+b}{2}}$$

$$\operatorname{tg}\frac{A-C}{2} = \operatorname{ctg}\tfrac{1}{2}B\;\frac{\sin\dfrac{a-c}{2}}{\sin\dfrac{a+c}{2}} \qquad \operatorname{tg}\frac{A+C}{2} = \operatorname{ctg}\tfrac{1}{2}B\;\frac{\cos\dfrac{a-c}{2}}{\cos\dfrac{a+c}{2}}.$$

§ 26. Die unmittelbar vorhergehenden Formeln (für die Fälle III und IV) liefern auch sofort die Auflösung der Fälle, in denen zwei Seiten und die ihnen gegenüberliegenden Winkel gegeben sind und die dritte Seite oder der dritte Winkel verlangt wird. Man kann das verlangte Stück je auf doppelte Art berechnen; die Formeln mit allen Buchstabenvertauschungen sind nämlich:

$$\text{V.} \quad \operatorname{tg}\tfrac{1}{2}c = \operatorname{tg}\frac{b-a}{2}\;\frac{\sin\dfrac{B+A}{2}}{\sin\dfrac{B-A}{2}} \qquad \operatorname{tg}\tfrac{1}{2}c = \operatorname{tg}\frac{b+a}{2}\;\frac{\cos\dfrac{B+A}{2}}{\cos\dfrac{B-A}{2}}$$

$$\operatorname{tg}\tfrac{1}{2}a = \operatorname{tg}\frac{c-b}{2}\;\frac{\sin\dfrac{C+B}{2}}{\sin\dfrac{C-B}{2}} \qquad \operatorname{tg}\tfrac{1}{2}a = \operatorname{tg}\frac{c+b}{2}\;\frac{\cos\dfrac{C+B}{2}}{\cos\dfrac{C-B}{2}}$$

$$\operatorname{tg}\tfrac{1}{2}b = \operatorname{tg}\frac{a-c}{2}\;\frac{\sin\dfrac{A+C}{2}}{\sin\dfrac{A-C}{2}} \qquad \operatorname{tg}\tfrac{1}{2}b = \operatorname{tg}\frac{a+c}{2}\;\frac{\cos\dfrac{A+C}{2}}{\cos\dfrac{A-C}{2}}.$$

VI.
$$\operatorname{ctg}\tfrac{1}{2}C = \operatorname{tg}\frac{B-A}{2}\,\frac{\sin\frac{b+a}{2}}{\sin\frac{b-a}{2}} \qquad \operatorname{ctg}\tfrac{1}{2}C = \operatorname{tg}\frac{B+A}{2}\,\frac{\cos\frac{b+a}{2}}{\cos\frac{b-a}{2}}$$

$$\operatorname{ctg}\tfrac{1}{2}A = \operatorname{tg}\frac{C-B}{2}\,\frac{\sin\frac{c+b}{2}}{\sin\frac{c-b}{2}} \qquad \operatorname{ctg}\tfrac{1}{2}A = \operatorname{tg}\frac{C+B}{2}\,\frac{\cos\frac{c+b}{2}}{\cos\frac{c-b}{2}}$$

$$\operatorname{ctg}\tfrac{1}{2}B = \operatorname{tg}\frac{A-C}{2}\,\frac{\sin\frac{a+c}{2}}{\sin\frac{a-c}{2}} \qquad \operatorname{ctg}\tfrac{1}{2}B = \operatorname{tg}\frac{A+C}{2}\,\frac{\cos\frac{a+c}{2}}{\cos\frac{a-c}{2}}.$$

Die vorliegende Abhandlung kann also in der That als vollständiger Abriss der ganzen sphärischen Trigonometrie betrachtet werden.

—

Nachwort.

1. *Leonhard Euler*, geb. 15. April 1707 in Basel, gest. 18. Sept. 1783 iu Petersburg, war einer der grössten mathematischen Forscher aller Zeiten und der fruchtbarste unter ihnen, ja wohl der »fruchtbarste wissenschaftliche Schriftsteller, der je gelebt hat« (*R. Wolf*), endlich insbesondre durch seine alle Zweige der Mathematik umfassenden, klaren und methodisch von Andern kaum erreichten Lehrbücher der einflussreichste Lehrer moderner Mathematik. Da in jeder beliebigen Encyclopädie sich eine Biographie findet, so mögen hier die folgenden kurzen Notizen über die Lebensumstände *Euler's* genügen.

In Basel von *Joh. Bernoulli* vorgebildet, wurde *Euler* schon 1727 auf Veranlassung der Söhne *Nikolaus* und *Daniel* seines Lehrers, die in St. Petersburg wirkten, au die dortige Akademie berufen, musste aber, da unmittelbar nachher die Kaiserin *Katharina I.* starb, drei Jahre lang als Marineofficier dienen. Einer Menge seiner Schriften ist übrigens dieser praktische Dienst sichtlich zu gute gekommen. Im Jahr 1730 zum Prof. der Physik, 1733 auch zum Prof. der höhern Mathematik ernannt, entfaltete *Euler* eine ausserordentliche Thätigkeit; schon in seinem 30. Jahre besass er europäischen Ruf. Von Friedrich dem Grossen 1741 an die Berliner Akademie berufen (und später zum Director der mathematischen Classe dieser Akademie ernannt) wirkte er im ganzen 25 Jahre lang in Berlin; 1766 wurde er unter glänzenden Bedingungen nach St. Petersburg zurückberufen. Im gleichen Jahre hatte *Euler* das Unglück, durch den Verlust des zweiten Auges (das erste hatte er schon 1735 eingebüsst) vollständig zu erblinden. Aber selbst dieser, für jeden Andern unüberwindliche, schwere Schlag hemmte nicht seine Arbeitskraft und Arbeitslust; selbstlose Hilfsarbeiter, wie sein ältester Sohn *Johann Albert*, im letzten Jahrzehnt seines Lebens fast ausschliesslich *Nik. Fuss* traten ihm zur Seite. Noch bis zu beinahe 50 Jahren nach *Euler's* Tode erschienen Abhandlungen von ihm in den Veröffentlichungen der Petersburger Akademie. Es ist ganz unmöglich, hier der Bedeutung *Euler's* für alle Zweige der Mathematik auch nur in Umrissen gerecht zu werden; in allen Theilen der mathematischen Wissenschaften giebt es *Euler'*sche Zahlen, *Euler'*sche Bezeichnungen (man denke nur an die Bezeichnungen *e* und *π*), *Euler'*sche Sätze, *Euler'*sche Theoreme. Die elementarsten wie die schwierigsten Gebiete der reinen und angewandten Mathematik hat er bearbeitet und bereichert; die selbständig erschienenen Werke umfassen ebensowohl eine elementare »Einleitung in die Arithmetik« und eine noch heute sehr brauchbare elementare »Anleitung zur Algebra« wie Lehr- und Handbücher der höhern Mathematik von der Bedeutung der »Introductio in Analysin infinitorum«, der »Institutiones calculi ·differentialis« und der »Institutiones calculi integralis«; daneben stehen eine Reihe von Werken physikalischen, nautischen und astronomischen Inhalts, mathematische Werke, die ganz neue Zweige der Mathematik begründeten, wie denn z. B. die moderne Mechanik zum grossen Theil eine Schöpfung *Euler's* ist, der auch die Variationsrechnung mit begründete und ihr den Namen gab; daneben stehen endlich die zahllosen in Zeitschriften erschienenen Abhandlungen, die sowohl für Erweiterung und Vertiefung aller Zweige der mathematischen Wissenschaften, als auch didactisch Ausserordentliches geleistet haben: wenn man die Bände der Veröffentlichungen der Petersburger und Berliner Akademien durchsieht, so erstaunt man über den unerschöpflichen Reichthum dieses Mannes. Während in selbständiger Form 32 Quartbände und 17 Octavbände von *Euler* erschienen sind, beträgt die Anzahl der zu seinen Lebzeiten veröffentlichten, z. Th. umfangreichen Abhandlungen gegen 500, die Gesammtzahl seiner Abhandlungen über 700; »eine Fülle von Schriften, welche in einer Gesammtausgabe in Quart mindestens 2000 Druckbogen einnehmen würden« (*Cantor*).

Näheres über *Euler's* Leben und Gesammtwerk siehe in den Schriften: »Éloge de Mr. *Léonard Euler*« von *Nicol. Fuss*, St. Petersburg 1783, deutsch von *Fuss* selbst mit Zusätzen, Berlin 1786; »Éloge de M. *Euler*« von *Condorcet* in der Histoire de l'Académie Royale des Sciences de Paris, Jahrgang 1783; kurze Biographie von *M. Cantor* in der

»Allg. Deutschen Biographie«, herausgegeben von der Histor. Commiss. bei der Kgl. Bayr. Acad. der Wiss. in München, 6. Bd. Leipzig 1877, S. 422—430; *Rudio, Leonhard Euler*, Basel 1884; *Derselbe*, Die Baseler Mathematiker *Daniel Bernoulli* und *Leonhard Euler*, ebend. 1884 u. s. f. Verzeichnisse der *Euler*'schen Abhandlungen finden sich ferner z. B. im Artikel *Euler* in dem *Poggendorff*'schen »Biogr.-Litterarischen Handwörterbuch zur Geschichte der exacten Wissenschaften« (1. Band 1857), aus der *Fuss*'schen Biographie (s. u.) entnommen und chronologisch geordnet (das Verzeichniss umfasst 14½ Spalten); nach dem Inhalt geordnet in der »Correspondance mathématique et physique de quelques célèbres Géomètres du XVIII. siècle, procédée d'une Notice sur les Travaux de *Léonard Euler*, von *P. H. Fuss*, St. Petersburg 1843, 2 Bände.

2. Was *Euler* speciell für den Gegenstand der zwei vorstehenden Abhandlungen, die Trigonometrie, geleistet hat, findet sich auch gut gewürdigt bei *R. Wolf*, Handbuch der Astronomie, ihrer Geschichte und Litteratur, 1. Bd., 1. Hälfte, Zürich 1890; auf diese Bedeutung *Euler*'s für die Trigonometrie ist hier wenigstens noch ein Blick zu werfen.

a) Die analytische Behandlung der goniometrischen Functionen ist recht eigentlich erst durch *Euler* begründet und, darf man sogleich hinzufügen, es ist dieser Abschnitt der Trigonometrie und Analysis auch von ihm so ziemlich abgeschlossen worden. Die Abhandlung von 1739 »Methodus facilis computandi angulorum Sinus ac Tangentes tam naturales quam artificiales« (erst 1750 in den Comment. der Petersb. Ak. erschienen) gab einfache Reihen und Producte zur Berechnung der Kreisfunctionen und ihrer Logarithmen; 1748 gab *Euler* die bequemen Reihen für sin n . 90° und cos n . 90° mit einer grossen Zahl von Decimalstellen; die »Introductio« enthält den ganzen analytisch-goniometrischen Formelapparat in grosser Vollständigkeit.

b) Auch der zweite Hauptabschnitt der Trigonometrie, die ebene Trigonometrie, deren Behandlung durch *Euler* wir hauptsächlich aus einer Ausarbeitung seines Vortrags in Berlin zu Anfang der 50er Jahre aus *L. Bertrand's* Darstellung kennen (Abschnitt Trigonometrie in dem Développement nouveau de la partie élementaire des Mathématiques, Genf 1778, 2 Bde.) war vor und nach *Euler* etwas ganz Verschiedenes. Während

man vorher die Lehrsätze über das ebene Dreieck in um-
ständliche, durch Worte auszusprechende Analogien (Propor-
tionen) kleidete, hatte »dieser grosse Geometer die glückliche
Idee, die Seiten des Dreiecks mit a, b, c und ihre Gegenwinkel mit A, B, C zu bezeichnen« (*Wolf*). Man muss
damit allein schon *Euler* als den Schöpfer der eleganten
Form und der mnemotechnischen Geschmeidigkeit, der bequemen Schreibbarkeit und bequemen praktischen Anwendung
unserer heutigen trigonometrischen Formeln bezeichnen. Auch
der Formel- und Rechnungs-Apparat der praktischen ebenen
Trigonometrie ist nach ihm nicht mehr besonders stark er-
weitert worden: mit den Gleichungen von *Mollweide* im ebenen
Dreieck und namentlich mit der Polygonometrie (*Lexell*, De
resolutione polygonorum rectilineorum, in den Comment. von
Petersburg 1775 76 und *L'Huilier*, Polygonométrie, Genf 1789)
war, wenn wir von einigen Schwerfälligkeiten und Inconse-
quenzen der praktischen Rechnung in diesen ältern Werken
absehen, so ziemlich alles vorhanden, was wir auch heute
benutzen und brauchen. — Es ist geradezu merkwürdig, dass
jener, durch seine Einfachheit und sein Naheliegen um nichts
weniger geniale Einfall *Euler*'s, die rationelle Bezeichnung der
»Stücke« des Dreiecks sich so langsam einbürgerte, dass z. B.
noch mehr als 30 Jahre später (1785) der so verdienstvolle
Boscovich für Seiten und Winkel ganz willkürliche Buchstaben verwendete, dass *Cagnoli* in seinem ausgezeichneten
Handbuch der Trigonometrie (1786) zwar für die Winkel die
Beziehungen A, B, C annahm, für die Seiten aber AB,
AC, BC behielt, ja dass in des gelehrten *Pfleiderer* gleich-
zeitiger Abhandlung (1785) »Analysis triangulorum rectilineorum« nicht nur, der analytischen Goniometrie *Euler*'s zum Trotz,
der »Sinus totus« immer noch ängstlich mitgeschleppt wird,
sondern z. B. der pythagoräische Lehrsatz für das beliebige
ebene Dreieck, den wir jetzt mit *Euler* so bequem und leicht
merkbar in der Form

$$a^2 = b^2 + c^2 - 2\,bc\,\cos A$$

schreiben, in der Gleichung erscheint:

$$\overline{BC}^q = A\overline{B}^q + \overline{AC}^q - 2\,AB \times AC \times \frac{\text{Cosin } BAC}{\text{sin} \cdot \text{tot}}.$$

c) Noch mehr kam zunächst die erwähnte rationelle Bezeichnung *Euler*'s der Raumtrigonometrie zu gute. Während
auch hier in der ältern Zeit die wenigen bekannten Gleichungen

in die Form schwerfälliger Analogien gekleidet wurden, konnte
Euler, allein schon in Folge der bequemen Uebersicht, den
Formelschatz gleichsam spielend vermehren; er zuerst stellt
neben jede Formel die ihr polar entsprechende, z. B. neben

$$\cos a = \cos b \cos c + \sin b \sin c \cos A \quad \text{auch}$$
$$\cos A = - \cos B \cos C + \sin B \sin C \cos a \; ;$$

er führt zur bequemern Rechnung bei ähnlichen Formeln die
»Hülfswinkel« ein; er leitet die logarithmisch so bequemen
Formeln für die Functionen der halben Winkel ausgedrückt
in den Seiten und umgekehrt ab; er löst jeden Fall des
sphärischen Dreiecks direct, ohne Zerlegung in rechtwinklige
Dreiecke auf; er überlässt der spätern Zeit, was den für die
praktische Rechnung am sphärischen Dreieck erforderlichen
Apparat betrifft, eigentlich überhaupt nur noch die Aufstellung
der *Delambre*'schen Gleichungen (*Delambre* 1807, *Mollweide*
1808, *Gauss* 1809), der *L'Huilier*'schen Excessformel für
tg $\frac{1}{4} \varepsilon$ in den Seiten ausgedrückt und der damit zusammen-
hängenden Formeln für $\left(\dfrac{A}{2} - \dfrac{\varepsilon}{4} \right)$ u. s. f.

3. Doch es mögen nunmehr die zwei hier übersetzten
Abhandlungen *Euler's* über die sphärische Trigonometrie für
sich selbst sprechen. Ihre Titel sind:
Principes de la Trigonométrie sphérique, tirés de la
Méthode des plus grands et plus petits; Mémoires de l'Académie
Royale des Sciences et Belles-Lettres (Berlin), Classe de Philo-
sophie expérimentale. Tome 9, Année 1753 (veröffentlicht
Berlin 1755), S. 223—257; und
Trigonometria sphaerica universa, ex primis principiis
breviter et dilucide derivata; Acta Academiae scientiarum
imperialis Petropolitanae, pro Anno 1779, pars prior (veröffentlicht Petersburg 1782), S. 72—86.
Beide Abhandlungen zeigen in hohem Grad die Klarheit
und systematische Anordnung aller Arbeiten *Euler's*; allerdings macht sich seine oft etwas breite Darstellung, die sich
öfters bis zu Wiederholungen steigert, auch hier da und dort
bemerklich. Niemandem aber, der sich mit Trigonometrie zu
beschäftigen hat, sollten diese beiden Abhandlungen unbekannt
sein. In der ersten wird, nachdem, unter stetem Ausblick
auf die sphäroidische Trigonometrie, mit Hülfe der Variationsrechnung die Formeln:

$$\sin a : \sin A = \sin b : \sin B = \sin c : \sin C$$
$$\cos A = - \cos B \cos C + \sin B \sin C \cos a$$
$$\cos a = \cos b \cos c + \sin b \sin c \cos A \qquad \text{und}$$
$$\sin a \, \mathrm{tg}\, C - \sin B \, \mathrm{tg}\, c = \cos a \cos B \, \mathrm{tg}\, C \, \mathrm{tg}\, c$$

als die vier Grundformeln der sphärischen Trigonometrie aufgestellt sind, die Auflösung aller Fälle des rechtwinkligen
und beliebigen Dreiecks gelehrt. Wir betrachten jetzt freilich,
da wir zugleich mit der Ableitung der Formeln durch die
räumliche Coordinaten-Transformation ihre allgemeine Gültigkeit nachweisen wollen (nach dem Vorgang am »astronomischen
Dreieck«), neben der ersten und dritten dieser Gleichungen
eine von der obigen vierten etwas abweichende Formel als
dritte Grundformel des Dreiecks und es ist bemerkenswerth,
dass *Euler* in der zweiten Abhandlung gerade diese drei
modernen Grundformeln, auf anderem Weg allerdings und
ohne den Nachweis allgemeiner Gültigkeit, als solche aufstellt.
An sich ist freilich klar (und grade durch *Euler* klar ge-
worden), dass man von einer der Grundformeln ausgehend die
andern analytisch ableiten kann (vgl. die Entwicklung von *Gua*,
Trigonométrie sphérique in den Mémoires der Pariser Akademie
für 1783 und die vereinfachte von *Lagrange* in den »Solutions
de quelques Problèmes relatifs aux Triangles sphériques, Jour-
nal de l'École Polytechnique, 6. Heft, 1799); aber es ist doch
auch hinzuzufügen, dass *Gauss* in seiner, gegen die *Lagrange*-
sche abermals vereinfachten Entwicklung (Werke, Band IV,
S. 401—403: Entwicklung der Grundformeln der sphärischen
Trigonometrie), nachdem er, ziemlich umständlich, die allgemeine Gültigkeit seiner Ausgangsgleichung

$$\cos a = \cos b \cos c + \sin b \sin c \sin A$$

nachgewiesen hat, in seinen »vier Grundformeln« (*A*) bis (*D*)
gerade die oben angeschriebnen vier Grundgleichungen der
ersten Abhandlung *Euler*'s ableitet. Die zweite der *Euler*-
schen Abhandlungen giebt in der That »dilucide derivata« Anleitung zur sphärischen Dreiecksrechnung.

    Was man beiden Abhandlungen vorwerfen kann, ist ausser
der, wie schon angedeutet, sich oft zeigenden grossen Aus-
führlichkeit der Mangel der Nachweise der allgemeinen Gültigkeit der Formeln oder der Untersuchung ihres Geltungs-
bereichs; (»moderne Strenge hält zwar mit Recht manche
Euler'sche Beweise für ungenügend, allein die Sätze selbst

bleiben fast durchgängig bestehen« [Cantor]). Eine empfind-
liche Lücke ist insbesondre das Fehlen einer Discussion des
Casus ambiguus (gegeben zwei Seiten und der Gegenwinkel
der einen, oder zwei Winkel und die Gegenseite des einen).
Ferner hat es *Wolf* mit Recht auffallend gefunden, dass *Euler*
in den Formeln für die Functionen der halben Winkel, ausgedrückt in den Seiten, und umgekehrt, es unterlassen hat,
für die Summe der Seiten, im zweiten Falle der Winkel, oder
noch besser für die Hälften dieser Summen besondre Bezeich-
nuugen einzuführen, wodurch diese Formeln so viel einfacher
und übersichtlicher werden. [Uebrigens ist die Behauptung
Wolf's, dass man diese Einführung dann erst *Delambre*, ja
dauernd noch viel Spätern verdanke, irrthümlich: z. B. findet
sich in der schon oben genannten Dissertation *Pfleiderer*'s
über die Auflösung der ebenen Dreiecke von 1785 die Gleichung für die tg des halben Winkels in der allerdings nicht
eben anmuthigen Form der Analogie:

$$\tfrac{1}{2}S(\tfrac{1}{2}S - BC):(\tfrac{1}{2}S - AB)(\tfrac{1}{2}S - AC) = \overline{\sin.\mathrm{tot}}^2 : \overline{\mathrm{tg}\tfrac{1}{2}BAC}^2].$$

Was die Uebersetzungen der beiden Abhandlungen
betrifft, so habe ich, ohne dass ich geglaubt hätte, in den
Anmerkungen jede einzelne kleine Abweichung anzeigen zu
müssen, nicht überall ganz wortgetreu, aber wie ich hoffe,
überall sinngetreu übersetzt; dies gilt besonders für die zweite
Abhandlung (von 1779). Ich muss das Urtheil darüber selbst-
verständlich dem Kenner überlassen. Eine Anzahl von Druck-
fehlern in den *Euler*'schen Formeln ist verbessert. Nur über
eine Aenderung, die man vielleicht etwas eigenmächtig finden
wird, glaube ich noch einige Worte sagen zu müssen; es ist
nämlich der französischen Schreibweise $\sin^2 \varphi$ statt der von
Euler angewandten deutschen $\sin \varphi^2$ für $(\sin \varphi)^2$ der Vorzug
gegeben. Der Streit über diese Bezeichnungen hat bekanntlich
seit fast 100 Jahren niemals geruht und ist auch hier nicht aus-
zutragen. An sich ist ja kein Zweifel, dass die einzige richtige
Schreibart $(\sin \varphi)^2$ wäre, wenn man von der noch umständ-
lichern, und noch weniger übersichtlichen, auch nur eben
allenfalls noch für das Quadrat brauchbaren $\sin \varphi . \sin \varphi$
absieht; es fragt sich aber eben, wie soll man schreiben,
wenn die lästigen, weil oft vorkommenden, Klammern
oder Surrogate dafür, wie der Strich in $\overline{\sin \varphi}^2$, wegbleiben
sollen? Die Schreibweisen $\mathrm{tg}^2 x$ und $\mathrm{tg}\, x^2$ sind an sich beide
eigentlich unrichtig; denn die erste heisst nach sonstiger Ana-

logie in der Analysis tang (tang x), die zweite aber eben so
gut tang des Quadrats von x, ebenso wie log a^2 nicht nur
$(\log a)^2$, sondern auch log (a^2) bedeuten kann. Da in der
Trigonometrie (im Gegensatz zum analytischen Theil der
Goniometrie) diese beiden Bedeutungen, tang (tang x) und
tang (x^2) nie vorkommen, so kann man hier, der Einfachheit
zu lieb, die eine oder andere der Schreibarten tg^2 x oder tg x^2
wählen; da aber hier in der Trigonometrie im eben angedeuteten Sinne um so häufiger Ausdrücke wie: Quadrat der

tg von $\dfrac{b-a}{2}$, Quadrat des Sinus von $\frac{1}{2}\,\alpha$, Quadrat des cos

von 180° minus $(\beta+\gamma)$ zu schreiben sind, so ziehe ich, mit vielen

Andern, hier stets tg$^2\dfrac{b-a}{2}$, sin$^2\dfrac{\alpha}{2}$, cos$^2(180-[\beta+\gamma])$

und damit also auch sin^2 A u. s. w. vor. Man könnte sich zwar

z. B. die Schreibart tg $\dfrac{b-a}{2}^2$ (ohne Klammer) schliesslich ge-

fallen lassen, da auch eben das Fehlen der Klammer andeuten
könnte, dass das Quadratzeichen nicht zum Winkel, sondern zu

tg gehört; aber schon sin $\dfrac{a^2}{2}$ wäre nicht wohl möglich und den

dritten Ausdruck von den oben angeführten könnte man ohne
dritte Klammer auch nicht schreiben. Also, wenn man nicht

mit *Euler* $\left(\text{tg }\dfrac{b-a}{2}\right)^2$ schreiben will (wie übrigens auch in der

Uebersetzung oft geschehen ist), so mag es in der praktischen Trigonometrie, um die Klammern zu ersparen, bei

tg$^2\dfrac{b-a}{2}$ und damit auch bei sin^2 α statt sin α^2 bleiben.

　　Die Ausdrücke für die Quadrate, die *Euler* noch in der
Form pp, CC, ... gebraucht, sind durch p^2, C^2 ... ersetzt;
an Stelle der *Euler*'schen A sin, A cos, ist unser arc sin,
arc cos benutzt.

　　Den Figuren habe ich, soviel man auch gegen die »zwei-
spitzigen« Abbildungen der Kugelkreise und andres einwenden kann, den Charakter der *Euler*'schen lassen zu sollen
geglaubt. Auch die uns heute, da die *Euler*'sche Bezeichnung
in Fleisch und Blut übergegangen ist, unnöthig erscheinende
Wiederholung der Fig. 4 im zweiten Theil habe ich, als durch
den *Euler*'schen Text vorgeschrieben, beibehalten.

Anmerkungen.

I.

1) *Zu S. 12.* *Euler* vermeidet in der Zusammenstellung durchaus den Gebrauch der ctg; die letzte Formel in X. schreiben wir z. B. gewöhnlich $\cos c = \operatorname{ctg} A \operatorname{ctg} B$, wie *Euler* selbst auch in 12. thut.

2) *Zu S. 13.* Die Formeln für die Winkel des rechtwinkligen sphärischen Dreiecks schreiben wir jetzt gewöhnlich: $\sin A = \cdots$, $\cos A = \cdots$, $\operatorname{tg} A = \cdots$, wobei die Analogie mit dem ebenen rechtwinkligen Dreieck die Formeln sehr leicht zu merken gestattet. Die *Euler*'sche Anordnung der Gleichungen hat übrigens ebenfalls ihre gute Berechtigung, wie man bei ihrem Anblick erkennen wird.

3) *Zu S. 18 bis 22.* Die Umformungen 19. bis 29., die mit den in 17. und 18. gewonnenen vier Grundgleichungen vorgenommen werden, um die Gleichungen (I) bis (IV) in 30. zu erhalten, erscheinen auf den ersten Blick künstlich und willkürlich (wie sie auch etwas weitschweifig behandelt sind). Warum gerade diese Combinationen? muss der Anfänger fragen; er wird aber bald die systematischen Gründe erkennen, die zu diesen Umformungen führen.

4) *Zu S. 23.* In den Gleichungen II und III hätte eine etwas andre Ordnung gewählt werden können, nur in der Gruppe IV hat *Euler* genau cyklisch vertauscht.

5) *Zu S. 24.* Hier würde man lieber in der 2. Formel von der 1. aus cyklische Abwechslung sehen, also

$$\cos B = \frac{\cos b - \cos c \cos a}{\sin c \sin a},$$

Euler liebt es aber, die Buchstaben in jedem Fall alphabetisch zu ordnen; vgl. auch unten.

6) *Zu S. 25.* Auch hier würde man in der zweiten und dritten Gleichung von 37. lieber andre Ordnung sehen, nämlich in den Klammern a stets voran und nur in den Zeichen successive

Vertauschung; übrigens ist die *Euler*'sche Anordnung, die die
Buchstaben versetzt, das Minuszeichen in der ersten und
zweiten Klammer aber an seiner Stelle lässt (2. Summand,
bezw.' 3. Summand), ebenfalls leicht zu merken. Dieselbe Bemerkung gilt für 38.

7) *Zu S. 26.* Zu 39. gilt ähnliche Bemerkung wie zu 37.;
die dem Winkel gegenüberliegende Seite steht in den beiden
Zählerklammern am Beginn, in den zwei Nennerklammern
am Schluss.

Ueber die Nichtanwendung einer Bezeichnung für $(a+b+c)$
oder besser $\dfrac{a+b+c}{2}$ s. das »Nachwort«.

8) *Zu S. 27 u. 28.* Auch hier ist in 43. und 44. nicht
cyklisch vertauscht, sondern die Buchstaben sind alphabetisch
geordnet.

9) *Zu S. 28 bis 31,* Nr. 45, 47. u. 48., 49., 52. u. 53.
gelten dieselben Bemerkungen wie zu 35., 37. und 38., 39.,
43. und 44.

10) *Zu S. 36.* Ein auffallender Mangel ist hier, wie
schon im »Nachwort« angedeutet ist, das Fehlen einer Er-
örterung über die Zweideutigkeit dieser Aufgaben.

11) *Zu S. 37 bis 39.* Der Satz, dass sich der Inhalt
eines sphärischen Dreiecks zur Oberfläche der Kugel verhält,
wie der Excess des Dreiecks in Graden zu 720°, scheint erst
im ersten Drittel des 17. Jahrhunderts gefunden worden zu
sein (vielleicht von *Girard*, der ihn in der »Invention nou-
velle« 1629 ohne Beweis anführt). Auch der im Text von
Euler gegebene interessante Beweis ist übrigens nicht ganz
einwandfrei.

II.

12) *Zu S. 41 u. 42.* Es ist von grossem Interesse (wenn
auch der Grund dafür leicht einzusehen ist), dass die drei
Grundgleichungen, $\cos c = \cdots$, $\sin c \sin A = \cdots$, $\sin c \cos A = \cdots$,
die *Euler* hier geometrisch (und ohne Nachweis ihrer allge-
meinen Gültigkeit) ableitet, genau dieselben sind, wie die, auf
die die heutige Ableitung der Grundformeln des Dreikants

durch räumliche Coordinaten-Umwandlung führt, bei der man
zudem den Nachweis der allgemeinen Gültigkeit mit erhält.
Diese neue Ableitung ist, wie im »Nachwort« bereits angedeutet wurde, zuerst für die Zwecke der sphärischen Astronomie eingeführt worden; vgl. von spätern Publicationen z. B.
die sehr klare Entwicklung in der sphärischen Astronomie
von *Brünnow*.

13) *Zu S. 42.* In § 5. ist im Interesse grösserer Symmetrie
die *Euler*'sche Anordnung der drei Gleichungen des Sinus-
Satzes durch vollständig cyklische Schreibweise ersetzt.

14) *Zu S. 45 u. 46.* Der Name Polardreieck findet sich
bei *Euler* noch nicht; überhaupt ist hier nicht ganz wortgetreu übersetzt.

15) *Zu S. 46 u. 47.* Hier ist in § 14. und 15. im Interesse der Symmetrie ebenfalls ganz cyklisch geordnet, vom
Original etwas abweichend.

16) *Zu S. 48.* Ueber die Nichtanwendung von $s = \dfrac{a+b+c}{2}$
in § 20. vgl. das »Nachwort«. Im ersten Factor des Nenners
ist die Ordnung etwas abgeändert; ähnliche Bemerkung zu § 21.

17) *Zu S. 52 bis 54.* Die Nummern I bis VI für die 6 Fälle
des Dreiecks sind von mir beigesetzt; bei I und II ist die
Euler'sche Ordnung, die sich leicht durch eine etwas bessere
(wie oben) ersetzen liesse, übrigens ebenfalls leicht übersicht-
lich und merkbar ist, beibehalten.   In III und IV hat *Euler*
selbst vollständig cyklisch vertauscht, ebenso in V und VI.
Bei den Aufgaben V und VI sagt *Euler* ohne weiteres,
dass zwei Seiten und ihre Gegenwinkel (also 4 Stücke)
gegeben seien, indem er sich im Fall zweier gegebener
{ Seiten den zweiten Gegenwinkel }
{ Winkel die zweite Gegenseite } durch den Sinus-Satz bestimmt denkt; auf die Zweideutigkeit dieser beiden Aufgaben
geht er auch hier nicht ein.

Hammer.

www.ingramcontent.com/pod-product-compliance
Lightning Source LLC
Chambersburg PA
CBHW022007190326
41519CB00010B/1422